驾驭复杂的网络
SDN+业务虚拟化+业务链

NAVIGATING
NETWORK
COMPLEXITY

[美] 拉斯·怀特（Russ White） 杰夫·坦苏拉（Jeff Tantsura）著

夏俊杰 申奇 王士喜 译

人民邮电出版社

北 京

图书在版编目（CIP）数据

驾驭复杂的网络：SDN+业务虚拟化+业务链 /（美）拉斯·怀特（Russ White），（美）杰夫·坦苏拉（Jeff Tantsura）著；夏俊杰，申奇，王士喜 译. -- 北京：人民邮电出版社，2018.3（2018.12重印）
ISBN 978-7-115-47739-2

Ⅰ. ①驾… Ⅱ. ①拉… ②杰… ③夏… ④中… ⑤王… Ⅲ. ①计算机网络管理 Ⅳ. ①TP393.07

中国版本图书馆CIP数据核字（2018）第003829号

版 权 声 明

◆ 著　　[美] 拉斯·怀特（Russ White）
　　　　　杰夫·坦苏拉（Jeff Tantsura）
译　　夏俊杰　申　奇　王士喜
责任编辑　傅道坤
责任印制　焦志炜

◆ 人民邮电出版社出版发行　　北京市丰台区成寿寺路 11 号
邮编　100164　电子邮件　315@ptpress.com.cn
网址　http://www.ptpress.com.cn
北京九州迅驰传媒文化有限公司印刷

◆ 开本：800×1000　1/16
印张：15.25
字数：296 千字　　　　　　2018 年 3 月第 1 版
印数：2 001 – 2 600 册　　　2018 年 12 月北京第 2 次印刷
著作权合同登记号　图字：01-2016-2081 号

定价：69.00 元
读者服务热线：**(010)81055410**　印装质量热线：**(010)81055316**
反盗版热线：**(010)81055315**
广告经营许可证：京东工商广登字 20170147 号

内容提要

　　本书从基本的复杂性理论入手，深入分析了现实世界中大量存在的复杂性问题。在描述了复杂性的定义和复杂性组件以及测量方法之后，逐一探讨了操作领域、设计领域及协议领域的复杂性问题，并从网络工程的角度描述了复杂系统的故障问题。同时对最新的可编程网络、服务虚拟化和服务链以及云计算等技术领域的复杂性问题也进行了深入分析。为便于读者更加深入地掌握各章所学知识，本书提供了大量案例材料，并在本书的最后做了归纳和总结，以加强读者对所学知识的记忆与理解。

　　本书是作者长期网络工程经验的思考与总结，目的是希望推广网络工程领域的复杂性理论。书中内容不但适合所有从事网络工程领域相关工作的维护人员以及网络架构师阅读，而且也适合开展网络复杂性研究工作的广大在校学生学习参考。

关于作者

Russ White 很早就已经开始了网络工程师生涯，那时的主要工作是安装调试终端仿真卡和反向多路复用器。他在 1996 年搬到北卡罗来纳州罗利市，加入思科公司的技术支持中心（TAC）路由协议团队，后来又从 TAC 先后转到全球升级技术支持组和工程组，最后作为杰出架构师进入销售团队。他目前是一名网络架构师，主攻网络复杂性与大规模网络设计。Russ 是 IETF 路由领域的理事会成员，勤于发表演讲和开展写作，在 Internet 社区上非常活跃。Russ 持有 CCIE 证书（#2637）、CCDE 证书（#2007:001）和 CCAr 证书，拥有美国卡佩拉大学信息技术硕士学位、牧羊神学院基督教部硕士学位。他目前与妻子及两个孩子住在北卡罗来纳州橡树岛，当前正在攻读东南浸信会神学院的博士学位。

Jeff Tantsura 自 20 世纪 90 年代早期开始从事网络工程师工作，最早是一家小型 ISP 的系统和网络管理员，后来在一家大型 ISP 负责网络与架构设计，并负责供应商的选择工作。Jeff 目前是爱立信技术策略路由团队的负责人，并主持 IETF 的路由工作组。Jeff 拥有美国佐治亚大学计算机科学和系统分析专业的硕士学位、加州大学伯克利分校哈斯商学院的卓越企业管理证书，同时还持有 CCIE R&S 证书（#11416）和爱立信认证 IP 网络专家（#8）。他目前与妻子及最小的孩子住在加利福尼亚州帕洛阿尔托。

关于技术审稿人

Ignas Bagdonas 从事网络工程工作已经将近 20 年，涵盖网络操作、部署、设计、架构、研发与标准化等诸多领域。他拥有多个大型 SP 及全球企业网的工作经验，多次参与全球首发技术的部署工作，而且还通过会议、研讨会以及讲习班等形式开展社区传播工作。他目前致力于端到端的网络架构演进以及新技术研究。Ignas 持有 CCDE 和 CCIE 证书。

Jon Mitchell（CCIE #15953）是 Google 技术基础架构团队的一名网络工程师，负责 Google 全球骨干网的运维管理。在进入 Google 之前的近 15 年时间里，Jon 一直在网络行业工作，先后担任过微软网络架构师、思科系统工程师、AOL 网络架构师和工程师以及 Loudcloud 网络工程师。Jon 还活跃在 IETF 的多个路由领域工作组，在他担任的这些职务中，Jon 始终对发现、分析、简化以及自动化解决大型网络问题抱有浓厚兴趣。除了网络工作之外，Jon 的兴趣爱好也非常广泛，包括远足、跑步、推广清洁水源以及自酿啤酒等，并享受与妻子及 4 个孩子在一起的美好时光。

献辞

谨将本书献给 Bekah 和 Hannah，感谢他们能够始终如一地与脾气暴躁的老爸同甘共苦。

——**Russ White**

谨将本书献给我的家人：Marina、Ilia、Miriam 以及 Davy，感谢他们对我的无私支持！

——**Jeff Tantsura**

致谢

在这里向长期指导我网络知识的人表示感谢，包括 Denise Fishburne、Don Slice、Alvaro Retana、Robert、Raszuk 等，需要罗列的名字太多了！感谢 Doug Bookman 博士，促使我勤于思考；感谢 Will Coberly 博士，促使我勤于写作；感谢 Larry Pettegrew 博士，促使我不断进步。最后要特别感谢 Greg Ferro 和 Ethan Banks，重启我写作的灵感和信心。

——**Russ White**

在这里向长期指导和帮助我更好地理解网络的人表示感谢，包括 Acee Lindem、Tony Przygienda、Tony Li 和 Jakob Heitz，需要罗列的名字很多，在此一并表示感谢！最后，要特别感谢我的合著者 Russ，始终给予我写作灵感和热情。

——**Jeff Tantsura**

前言

　　几乎每位工程师（无论从事何种类型的工程）都要经常面对复杂性问题。无论做什么，工程师们都希望做得更快、更便宜、质量更好（即速度、成本、质量的三角关系），但复杂性有时表现得并不那么明显。比如，一个软件项目通常会持续多长时间？常见的回答是两个小时、两周或者更久，其实能回答这个问题就已经很复杂了。

　　虽然科学界和数学界研究复杂性理论的进展非常迅速，但研究是为了指导实践，复杂性理论和观念还没有广泛应用于各种工程领域，尤其是广大工程师们还没有广泛接触和理解复杂性理论。因此，尽管复杂性理论的研究已经比较深入，但仍然需要加大推广力度。本书的目的就是推广复杂性理论，尤其是网络工程的复杂性理论。

　　本书尽量避免使用严密的数学模型来描述复杂性理论，对于具有深厚数学基础的读者来说可能会感到些许失望。不过本书的重点是希望将复杂性理论架构应用于实际问题，而非单纯的理论和数学研究。研究复杂性的专家们已经总结出了一套理论，本书的重点是将这些复杂性理论应用于实际问题。

　　本书的目标读者是希望理解常见工作内容及流程缘由的网络工程师们，如网络为什么要采用分层设计、路由为什么要进行聚合，以及协议为什么要进行分层等。如果工程师们能够掌握网络设计的常见方法并理解了各个案例中的速度、成本、质量要素之间的权衡取舍，那么就可以认为已经理解了复杂性问题。希望大家能够融会贯通，将一个领域的复杂性理论推广到更多其他领域中。读完本书之后，相信网络工程师们一定能够理解网络及协议采取层次化设计及分层架构的原因，甚至对于不同应用场景来说，都能正确地看待和调整方案中的速度、成本以及质量之间的权衡关系。

本书组织方式

本书第 1 章从高层视角阐述了复杂性理论，写作方式不是探讨深奥的理论问题，而是采取屏蔽大量数学内容（甚至完全不讲）的方式通俗易懂地展现了复杂性理论，像手册一样简单易用。第 2 章讨论了网络复杂性的多种衡量方法，包括困扰这些方法的一些典型问题。第 3 章介绍了一种常见的复杂性模型，本书的后续章节将一直使用该模型。

第 4 章至第 7 章讨论了常见的复杂性案例，通过这些案例来分析网络设计与协议设计中的复杂性问题。这 4 章的主要任务是帮助读者理解前 3 章的模型及概念。第 8 章从网络工程的角度描述复杂系统的故障问题，对系统故障的研究可以让我们从另一个视角分析复杂性问题。后续章节则首先描述了当前的三种新技术，然后再从复杂性角度分析这三种新技术在应用过程中需要考虑的速度、成本以及质量的权衡取舍问题。

需要注意的是，以 draft-xxx 格式命名的文档都是处于研发状态的 IETF 文档，还没有最终的文档名称或网址。考虑到上述限制因素，本书并没有罗列这些参考文档，而只是列出了这些文档的标题和文件名，读者可以在 IETF 网站查询这些文档的最新信息。

目录

第1章

复杂性定义

计算机网络很复杂。

但"计算机网络很复杂"这句话究竟是什么意思呢？能不能将一张网络铺开，然后在上面钉一根大头针，说这个位置就是复杂的？有没有一种数学模型，可以将大量网络设备的配置和拓扑结构输进去，然后就生成一个"复杂性指数"？扩展性、弹性、脆弱性以及简洁性等诸多概念与复杂性之间有何关系？不幸的是，这些问题的答案本身就很复杂。实际上，回答这些问题的最难之处就在于决定从何说起。

最佳的起始点就是从头说起，也就是从复杂性的基本概念说起，从"不理解的一切事情"到"包含大量意外结果的事情"，这些问题的答案至少都包含了一些道理，某些信息还有助于我们构成通用的复杂性描述，进而构成网络设计和网络架构的复杂性描述。

分析了复杂性的含义之后，本书将讨论计算机网络为何从一开始就注定是复杂的。那么事情能否简单一些，从而让网络工程师们绕开从协议设计到网络管理的所有复杂性问题呢？能否通过一些措施将复杂性问题处理掉呢？本章第二节将简要描述复杂性领域的一些重要研究成果。事实证明，复杂性就是现实世界的必要权衡。虽然描述这些内容需要用到一些复杂的数学知识，但并不是很多，所以敬请读者放心。接下来将分析复杂性组件，并通过一种有效的方式剖析通用的思维和想法，实际上就是由表及里、由个性到共性的分析过程。

第 2 章将研究复杂性与网络工程的交集，描述人们对复杂性问题的各种反应。面对复杂性问题，网络工程师的反应通常表现为以下 5 种情况，其中 3 种属于积极反应，其余两种则显得较为消极。3 种积极反应分别如下。

1. 把复杂性提炼出来，为系统的每个组件都建立一个黑匣子用以封装复杂性问题，这样就能更容易地理解每个组件之间的相互作用。

2. 把复杂性扔到墙外，也就是把复杂性问题从网络领域转移到应用领域、编程领域或协议领域。就像 RFC 1925 所描述的那样，"转移问题（如将问题转移到网络架构的其他部分）比解决问题要简单得多"[1]。

3. 在现有层级上新增一层，把所有复杂性问题都当成一个黑匣子。不更改现有协议或网络，将黑匣子放在现有协议之上，或者在现有网络之上建立隧道。就像 RFC 1925 所描述的那样，"人们可能会经常新增一个间接层"[2]。

两种较为消极的反应分别如下。

1. 被复杂性问题搞得不堪重负，只能将已经存在的复杂事物标记为"遗患"，然后再去研究一些新方法，认为这些新方法能够以更简单的方式解决所有问题。

2. 忽略复杂性问题，希望这些问题可以自行消失。现实生活中有很多例子，例如试图证明意外只会发生一次，而不会发生第二次。他们试图证明这种意外是在非常苛刻的条件下出现的，或者承诺以后一定会解决这个问题，这样就达成了某些业务目标，或者说蒙混过关了。

人们面对复杂性问题时经常会出现上述反应，而复杂性可能存在于网络设计的诸多领域，包括运维复杂性、设计复杂性、协议复杂性等。本书将在后续章节深入分析每个领域的复杂性问题，希望大家理解增加了复杂性之后，会对成本和收益带来相应的影响。

解释了这些背景知识之后将研究一些具体案例，分析那些声称可以解决各种网络复杂性问题的技术背后的操作和/或概念，但它们是否有效还有待认真思考，包括这些技术本身对复杂性带来的增减效果。

最后一章将这些概念都整合在一起，最终目标是在网络系统领域建立一种复杂性全局视图，从而应用到操作、设计以及协议等的实际决策过程当中。当我们不断探索复杂性理论，从始点终于到达终点时，这个最终目标将会变得非常现实：知道如何在现实的计算机网络中识别和管理复杂性。

1.1　什么是复杂性

如果被问到"什么是复杂性"，人们可能会回答：仁者见仁智者见智，情人眼里出西施！复杂性的定义确实很让人纠结，因为复杂性定义本身就很复杂。如果单纯地将复

---

1 Ross Callon, ed., "The Twelve Networking Truths" (IETF, April 1996), https://www.rfc-editor.org/rfc/rfc1925.txt.
2 同上。

杂性映射为脑海中的一种内在状态或者一种印象，那么复杂性就无法与现实世界对应起来，工程师们也就无法利用工具或模型来理解、控制和管理复杂性。"美"的定义就是这样一种状态，没有人能够说清楚什么才算美。从另一个角度来说，人们对"复杂性"有着一种天然的直觉，凭借这种直觉可以在网络中发现和理解实实在在的复杂性。就好比"美"虽然没有明确的定义，但是人们在面对美时，绝大多数人的直觉都会认为这就是美。

讨论复杂性定义的最佳始点就是分析人们对复杂性广泛存在的两种直觉：复杂性就是不理解；复杂性就是庞大臃肿。讨论完这两种直觉之后，很重要的事情就是从状态和内涵的角度来分析复杂性，最后再分析复杂性和意外结果的相关规律。

1.1.1 复杂性就是不理解

同一个事物对于某些人来说很复杂，对于其他人来说则可能很简单。正如 Clarke 第三定律所述："所有足够先进的技术都与魔法无异"[1]，因而可以推断出复杂性就是不理解的事物。从程序员的角度来看，这种定义在脑海中的状态有下面这些。

- 简洁的解决方案：方案可行，且我能理解。

- 复杂的解决方案：方案可行，且我不理解。

- 晦涩的代码：我不理解，且无注释。

- 自描述代码：我自己写的代码，且不注释我就能理解。

- 黑客代码：虽然有用，但不是我写的，我也不理解。

- 临时代码：我写的，且我能理解。

但是"我不理解"是现实世界中的"复杂性"定义吗？如果这就是复杂性的最终定义，那么我们还能举出无数反例。

- 现实世界有很多复杂系统，没人能够全面理解它们。事实上，现实世界拥有大量网络，没人能够全面理解这些网络。例如，某个网络管理员可能理解 Internet 的特定部分或者 Internet 的大致运行原理，但如果有人说他知道 Internet 的所有细节和所有运行原理，那么这就太不靠谱了。

- 如果"我不理解"就是复杂性的定义，那么随着理解程度的增加，就必定意味着

---

1 Arthur C. Clarke, Profiles of the Future: An Inquiry into the Limits of the Possible (London: Phoenix, 2000).

复杂性降低了。对于所有现象来说，只要从数学角度"理解"了，那么就可以认为"不再复杂了"。例如，20 世纪早期没人能够理解生物系统（如眼睛）的复杂原理，但是目前人们对眼睛已经有了相当深入的研究和证实（至少在一定程度上），那么是否意味着从前的眼睛比今天的眼睛复杂呢？

- 同样，理解了设计人员的意图就能更好地理解他的作品，但是并没有降低作品本身的复杂性。例如，设计协议时如果使用了类型—长度—值（Type-Length-Value，TLV）结构，虽然看起来似乎增加了协议复杂性，而且也没有什么意义，但是如果未来需要更多的功能，那么此时采用更为复杂的 TLV 结构会具备更好的扩展性。

简而言之，事物的复杂性与人们对事物的理解程度之间并无太大关联。更好地理解系统之后，系统的复杂性并没有随之降低，只是变得更容易理解而已。但"复杂性就是不理解"这个定义所暗含的基本前提不容忽视，即更好地理解系统是有好处的。那么为什么更好地理解系统之后，就感到系统似乎变得简单了呢？顺着这个问题来思考，我们可以得出很多有用的结论，对于本书的后续内容都将有很大帮助。

- 理解系统的工作原理，可以帮助我们理解和解释系统多个组件之间的相互作用。意义在于，发现系统各组件之间的相互作用，正是管理复杂性的步骤之一。

- 理解系统的工作原理，可以帮助我们基于给定的输入值预测输出值；或者构造出心智模型[1]，实现基于输入值预测输出值的功能。意义在于，管理复杂性的另一个步骤就是抽象，将大型系统分解为普通系统，再将普通系统抽象成"代理"，这样一来，输入值与输出值之间就可以通过"代理"关联在一起。

- 系统的心智模型可以帮助我们识别系统的异常运行状态，从而可以聚焦那些异常输出，研究系统产生异常的原因，进而修复系统异常或者判断输入值不符合预期的原因并加以改正。

尽管"复杂性就是不理解"无法全面准确地定义"复杂性"，但是它确实可以从很多方面帮助我们框定复杂性的定义范围。如果人们认为某个事物"很难理解"，那么探究这个事物就一定有意义，而且还有可能总结出更加实用的"复杂性"定义。

---

1 心智模型是经由经验及学习，在脑海中对某些事物的发展过程所写下的剧本。人类在经历或学习了某些事件之后，会对事物的发展变化归纳出一些结论，然后像写剧本一样，把这些经验浓缩成一本一本的剧本。等到重复或类似的事情再度发生时，就可以不自觉地应用这些先前写好的剧本来预测事物的发展变化。——译者注

1.1.2 复杂就是庞大臃肿

设计大规模解决方案时需要经常强调的一个原则是：尽可能少地使用动态组件。通常情况下，如果一个事物由很多组件构成，或者由很多不同的组件构成，那么该事物看起来就很复杂，从大规模网络到复杂的晶体结构都是如此。但到底是组件的数量还是动态组件的数量，又或者是不同组件的数量导致系统变得复杂呢？答案是不一定。下面将通过两个案例来帮助大家更深入的思考动态组件的数量对系统复杂性的影响情况。

第一个案例是高分辨率的 3D 曼德尔球分形[1]（如图 1.1 所示）。

图 1.1　3D 曼德尔球分形

虽然图 1.1 看起来有很多复杂之处，但其实都是由单一算法递归运行而成的，因而图 1.1 实际上只有一个"动态组件"。第二个案例是计算机网络领域的路由重分发问题，这里讨论两种常用的路由协议：OSPF（Open Shortest Path First，开放最短路径优先）和 BGP

---

1 "File:Mandelbulb140a.JPG—Wikimedia Commons," https:// commons.wikimedia.org/ wiki/File: Mandelbulb140a.JPG .

（Border Gateway Protocol，边界网关协议）。虽然这两种协议的设计和构造都非常简单，但是在大规模网络中部署则会出现很多复杂性问题。如果对网络设计知识的理解不足，那么在 OSPF 之上部署 BGP 时就可能会给网络带来很多意料之外的复杂性。因为这两种协议之间存在很多意想不到的信息交互（从计算最佳路径到选择特定目的地址的下一跳），尤其是OSPF 和 BGP 在网络拓扑发生变化时都要进行收敛，此时的交互关系更复杂。

因此，简单的协议叠加起来会变得很复杂，简单的规则组合起来也会变成很复杂的模式，从而提醒我们不能将"看起来复杂"与"真的复杂"混为一谈。简单而言，如果只是看起来复杂，那么并不表示真的复杂，此时必须透过现象看本质，对复杂性有真正的理解和认识。具有很多动态组件的事物并不一定复杂，而那些只有少量动态组件的事物也并不一定简单，决定复杂程度的真正要素是动态组件之间的交互关系。

- 对于给定系统来说，如果组件之间的交互越频繁，特定组件与其他组件之间的交互越多，那么系统就越复杂。我们将系统不同组件之间的交互数量称为交互面。交互面越大，表示参与交互的组件数量就越多。同样，交互面越小，则表示参与交互的组件数量就越少。

- 系统不同组件之间的交互深度越深，表示系统越复杂。

图 1.2 以更直观的方式解释了上述概念。

为直观起见，这里以一个旨在用于全网运行的应用程序为例。图 1.2 按照复杂性程度递增的顺序给出了 4 种可能性。

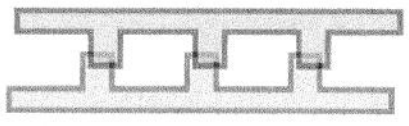	3个交互点 两个组件都无需了解对方组件的工作原理 交互面很小
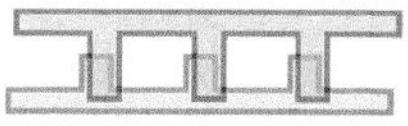	3个交互点 顶层组件需要知道底层组件的工作原理 交互面适中
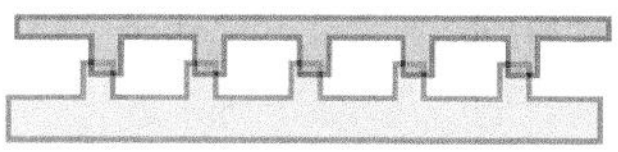	5个交互点 两个组件都无需了解对方组件的工作原理 交互面适中
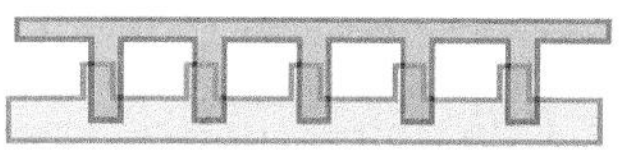	5个交互点 顶层组件需要知道底层组件的工作原理 交互面很大很复杂

图 1.2   交互面与交互深度示意图

- 对于第一种情况来说，应用程序的某个实例通过 TCP（Transmission Control Protocol，传输控制协议）传输信息块，另一个实例则负责接收这些信息块。该应用程序依赖 TCP 及其底层网络层实现无差错数据传输，但无需处理 TCP 进程的任何状态信息或了解 TCP 的任何实现原理。因此，该应用程序与 TCP 之间的交互面很窄、很浅，因为应用程序与 TCP 虽然在很多地方都会产生交互，但几乎不了解 TCP 的内部状态信息。

- 对于第二种情况来说，应用程序的某个实例通过 TCP 传输信息块，另一个实例则负责接收这些信息块。由于此时传送的信息对时延敏感，因而应用程序需要持续监测 TCP 的传输队列，进而根据 TCP 的传输队列状态调整信息块的传输速率，而且还可以要求 TCP 使用 PUSH 操作来发送信息块，而不用等到 TCP 队列填满。因此，该应用程序与 TCP 之间的交互程度就比较"深"，因为应用程序必理解 TCP 的一些工作原理，并且能够智能地根据 TCP 的运行状态来交互信息。不过此时的交互面仍然很窄，因为在多个地方产生交互作用的只有应用程序和 TCP。

- 对于第三种情况来说，应用程序的某个实例通过 TCP 传输信息块，另一个实例则负责接收这些信息块。与第一个案例相似，应用程序不用通过任何方式与 TCP 的状态信息进行交互，只是简单地将信息块存入 TCP 缓存，并且认为 TCP 可以在网络上实现信息的无差错传输。不过本例中的应用程序对时延敏感，因而必须周期性地读取时钟信息。为精准起见，此时需要使用 NTP（Network Time Protocol，网络时间协议），因而此时的交互面相对较宽，应用程序需要同时与两种不同的网络协议进行交互，只是此时的交互深度比较浅。

- 对于第四种情况来说，应用程序的某个实例通过 TCP 传输信息块，另一个实例则负责接收这些信息块。由于此时传输的信息对时延敏感，因而应用程序必须持续监测 TCP 的传输队列，进而根据 TCP 传输队列的状况来调整信息块的传输速率，而且还可以要求 TCP 使用 PUSH 操作来发送信息块，而不用等到 TCP 队列填满。为了记录 PUSH 操作，应用程序需要监测本地时间，这里假设本地时间通过 NTP（或其他类似方案）与其他设备保持时间同步。由于应用程序需要知道 TCP 传输数据时的内部工作状态，因而交互深度较深。由于应用程序需要同时与两种协议（从更通用的角度来说是系统）进行交互，因而交互宽度较宽。事实上，本例中的 NTP 状态已经与 TCP 的内部状态经由应用程序绑定在了一起，只不过这两种协议都没有意识到而已。

简单地说，交互面就是两个系统之间交互点的数量以及交互的深度，每增加一个 API（Application Programming Interface，应用程序接口）、套接字或其他交互点，就会增大交互面。很明显，如果系统内的两个子系统之间存在交互面，那么交互面的数量越多，交互的深度越深，那么系统就越复杂。

虽然从本书后面的大量案例都可以看出，这些概念与网络设计及网络架构的关联程度都很高，但仍然需要考虑一个有趣现象：OSPF 和 IS-IS（Intermediate System-to-Intermediate System，中间系统到中间系统）等协议都工作在"夜间行船"模式，相互之间并不感知，但它们都同样依赖很多相同的信息，如 IP 地址、链路状态、开销以及网络拓扑所包含的其他信息。虽然 OSPF 和 IS-IS 都运行在同一网络上，但是如果没有刻意让它们交互信息，那么它们就不会有任何交互。那么 OSPF 与 BGP 也是如此吗？不。BGP 需要低层的 IGP 来保证 IP 可达性，从而建立邻居关系并计算下一跳信息。结合上面的交互面概念，可以看出 OSPF 与 BGP 之间的交互面大于 OSPF 与 IS-IS 之间的交互面，而且 OSPF 与 BGP 之间的 API 也更加晦涩难懂。

1.1.3   复杂性就是存在多余状态

工程人员一般都看过图 1.3 所示的鲁比高堡机器漫画[1]。

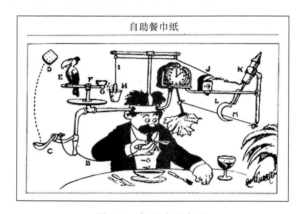

图 1.3   鲁比高堡机器

鲁比高堡机器通常指的是一些通过简单方式来解决一系列问题的奇妙装置，包括从进餐时更方便地使用餐巾纸到替代千斤顶抬起汽车更换轮胎的方法。有人说可以在汽车下面放一个杠杆，然后诱使一头大象站在杠杆的另一头，这样就能抬起汽车，这当然也算是替代千斤顶的方法。但我们需要的效果是简单，而鲁比高堡机器的最大特点却是不简单。人

---

1 Public domain; taken from: "Professor_Lucifer_Butts.gif (428 × 302)," https://upload.wikimedia.org/ wikipedia/ commons/a/a6/Professor_Lucifer_Butts.gif .

们认为鲁比高堡机器很幽默，也很复杂，但为什么复杂呢？因为鲁比高堡机器包含了复杂性的两大特性。

鲁比高堡奇妙装置通常都要耗费大量步骤来解决一个实际很简单的问题。以图 1.3 中的自动餐巾纸机器为例，这台机器的目的只是代替人使用餐巾纸，而人们使用餐巾纸的操作实际上非常简单，只要拿起餐巾纸，然后擦擦嘴即可，一只手就能很容易完成，即使两只手都在忙着，只要把叉子放在盘子里就能腾出一只手。这么简单的事情却要用一台机器来完成，实在是太疯狂、太荒谬了！一个问题与解决这个问题的方案之间的关系，会影响我们判断其是否复杂的直觉。如果系统在解决了特定问题之外又增加了一些不必要的步骤、交互面或组件，那么就可以认为该系统是复杂的（即使从客观角度来看，该问题或解决方案非常简单）。

鲁比高堡奇妙装置通常只从眼前出发来设计方案，基本不考虑方案的负面影响。自动餐巾纸机器每次使用时都要进行重置，都要喂养那只鸟，都要上弦和保养钟表，而且每次使用后都要放上饼干，这么多工作量真的比用手拿餐巾纸更简单吗？还有用大象抬起汽车的案例，虽然确实可以代替千斤顶，但车主至少要喂养大象并且把大象赶过来吧！万一大象睡着了，而且手头也没有千斤顶，那么车主该怎么办呢？

鲁比高堡的幽默及其难以置信的机器带给我们的启迪如下。

- 解决方案的复杂性必须与待解决的问题相匹配。如果存在更简单的解决方案，那么工程师们必将趋之若鹜，大家更喜欢简单的方案。工程领域将这种现象称为"奥卡姆剃刀定律"：假设两个解决方案都能解决同一个问题，而且都很完美，那么通常优选较简单的方案。

- 虽然控制需求的范围很有必要，但是如果需求范围太小以至于未考虑将来的扩展性，那么就很容易产生额外的复杂性。例如，一个较简单的解决方案，如果不需要测试新技术或者根据现实世界进行调整，那么它看起来确实更为简单。但是如果需要改动，那么这个更简单的解决方案就很可能会变得非常复杂。再比如，一个只用作编码的协议，设计时应该很简单，无需使用复杂的 TLV 结构（至少在最初设计之初并没有期望它解决更多问题，所以一般不考虑使用 TLV 结构）。这样一来，虽然协议在表面看起来很简洁，但通常都会包含不可预料的脆弱性。同样，解决方案存在的问题不可能都显而易见，必须经过部署和验证才能逐渐发现。

工程师们在设计网络架构和网络协议的工作过程中，通常都会遇到和考虑与上述案例非常相似的问题。

1.1.4   意外结果

美式橄榄球超级杯赛是全球最著名的美式橄榄球比赛,但 1996 年讨论超级杯赛的论坛却被很多搜索引擎屏蔽了。为什么 Internet 搜索引擎要屏蔽一个与美式橄榄球相关的网站呢?这是因为从 1967 年的第一场比赛 "超级杯赛 I" 开始,每次超级杯赛都按顺序用数字加以标识(使用罗马数字)。到了 1996 年,超级杯赛正好是第 30 次比赛,也就是 "超级杯赛 XXX"。但 XXX 的含义众所周知,很多人都不希望在搜索结果中出现 XXX,因而超级杯赛 XXX 就因为 XXX 而被大量搜索引擎屏蔽了[1]。

虽然这个故事听起来很有意思,但是在 Internet 尝试感知内容的发展过程中,它确实是一系列意外事件中的意外。这个故事让人们更加重视意外结果的重要性。1996 年 Robert K. Merton 列出了导致意外结果的五大根源[2],其中 3 个可以直接应用于大型计算机网络系统:

- 无知,致使无法预测所有情况,最终导致系统分析不够全面;

- 分析问题出错或者经验主义导致解决方案无法适应当前环境;

- 眼前利益压倒长期利益。

如何将意外结果的概念应用到网络复杂性问题上呢?随着系统的复杂性越来越高,基于给定输入值预测输出值的难度也就越来越大。以 Internet 路由为例,为了搞清楚 Internet 路由系统对多种输入值的真实反应,人们进行了大量研究,在拓扑结构或可达性发生变化时,更新消息需要多长时间才能扩散到整个 Internet 中?如果某个运营商修改或部署了一条特殊策略,那么该策略对其他运营商会产生什么影响?那些看起来简单的方案(如 "路由翻动抑制")在现实世界中的工作效果如何?这些问题都必须经过认真研究才能找到答案,因而暗示了 Internet 是一个复杂系统。虽然给定输入值之后,可以预测出一个很可能的输出值,但是我们无法保证预测值与真实的输出值完全相同。

如果大型复杂系统的很多组件都要进行交互,那么该系统的详细分析将非常困难,从而导致系统分析不全面,最终因为对系统的无知而产生意外结果。如果一个足够大的系统有很多组件都要进行交互,而且交互面很大,那么基本就无法弄清楚细微变动对系统的影

---

1 "E-Rate and Filtering: A Review of the Children's Internet Protection Act" (General. Energy and Commerce, Subcommittee on Telecommunications and the Internet, April 4, 2001), http://www.gpo.gov/fdsys/pkg/CHRG-107hhrg72836/pdf/CHRG-107 hhrg72836.pdf.

2 Robert K. Merton, "The Unanticipated Consequences of Purposive Social Action," American Sociological Review 1, no. 6 (December 1, 1936): 894–904, http:// www.jstor.org/stable/2084615.

响情况。

同样，人们常常倾向于利用经历或经验法则来管理大型复杂系统（就像早期飞行员凭感觉来判断飞机速度一样），因为即使经验法则出错，产生的损失也远低于全面分析系统所需的成本。这样一来，挽回成本损失与系统复杂性又再次关联在一起，系统规模以及子系统之间的交互使得系统更加复杂。系统越复杂，系统分析就越容易出错，这种恶性循环始终伴随着每天的运维工作。

> **注：**
>
> 早期的飞机并没有那么多仪表，飞行员要想知道飞机的角度（偏航、俯仰和横滚），就要凭"感觉"。确切地说，飞行员会故意让飞机转弯，在离心力的作用下，飞行员会更紧地坐在椅子上，甚至陷在椅子中。飞机的速度越快，离心力就越大，飞行员就越能感觉到有一股力量让他陷在椅子中。通过这种感觉，飞行员就可以判断出飞行速度。

最后一种场景就是每位网络工程师都非常熟悉的"紧急事件呼叫"。应用程序出现故障之后必须尽快恢复，否则会给公司造成巨大损失。虽然工程师们可能会告诉自己明天一早就去处理紧急事件，或者将其列入工作日程中，但企业往往要求工程师们必须立即采取紧急补救措施，不过匆忙处理紧急事件往往只能做到知其然而不知其所以然。如果是入侵行为导致的紧急事件，那么工程师们就很难敏锐地发现和分析入侵行为。对于拥有成上千台路由器的网络来说，这种简单的入侵行为可能不会导致大量负面后果，但现实世界却很可能会导致这种级别的网络出现瘫痪。既然一次攻击就可能导致上千台路由器级别的网络出现瘫痪，那么上万台路由器级别的网络面对上千次攻击的呢，那简直是一场灾难，我们只能祈祷这种情况尽量来得晚一些。

> **注：**
>
> 还有一个术语是"技术债务（technical debt）"[1]，该术语由 Ward Cunningham 提出，指的是开发团队在设计或架构选型时从短期效应的角度选择了一个易于实现的方案，但从长远角度来看，这种方案会带来更消极的影响，即开发团队欠下的债务。只考虑眼前问题，不考虑长远问题，以此"降低"复杂性而导致的技术债务，在未来可能会使系统更加复杂。

意外结果带给我们的警示是，如果一个能实现某种功能的网络包含了诸多组件，而且这些组件之间存在多种状态和交互行为，那么工程师们就必须培养分析和理解这些状态与

---

1 "Technical Debt," Wikipedia, the Free Encyclopedia , September 2, 2015, https://en.wikipedia.org/w/index.php?title=Technical_ debt&oldid=679133748 .

交互关系的能力，这样才能更好地理解和管理网络复杂性。为理解网络状态而部署的工具和概念（如模型和测量工具）越多，就越能更好地处理现实世界中的复杂性问题。不过，由于人们的理解能力有限，因而对负面影响的预见能力也有限。

1.2　为何如此复杂

既然复杂性问题如此复杂，那么为何不在设计网络及协议时让其简单一些呢？这个问题很难回答，我们暂且放在一边。对于现实的网络世界来说，为什么每次希望让事情变得简单的尝试到最后却都变得更加复杂了呢（从长远角度来看）？例如，在 IP 层上部署隧道机制确实能够降低控制面的复杂性，而且网络从整体来看也确实简单了一些，但人们后来发现隧道协议本身就很复杂，因而逐渐不再使用隧道协议。原因何在呢？

有两个答案。第一个答案与人性有关，工程师们经常会想出十多种不同的方法来解决同一个问题，对于虚拟世界来说尤其如此。因为对于虚拟世界来说，新解决方案的部署操作相对比较容易，最后一组解决方案相对来说更容易发现问题，只要移动几个比特就能产生一个新的解决方案，而且人们通常认为新方案总要优于旧方案。也就是说，虚拟世界相对较为混乱，因为虚拟世界很容易构建新事物。

第二个答案则需要更多的理论知识：难题难以解决从而导致了不确定性，而处理这些不确定性又需要引入复杂性。Alderson 和 Doyle 曾经说过：

> 我们认为，应该将复杂性与功能性及健壮性放在一起谈论。具体而言，系统在特定的环境和组件状态下会存在不确定性，系统应该足够健壮才能适应不确定性，所以系统会设计策略来实现健壮性。我们认为在高度组织化的系统中，这些策略是导致复杂性的主要因素[1]。

我们可以用图 1.4 来表示这句话。

图 1.4 看起来似乎与直觉相反，事实上，与大多数网络工程的认知都相反。工程师们通常认为解决方案越简单就越健壮，但事实却并非如此。实际上，解决方案的复杂性越高，系统的健壮性就越高，直至解决方案的复杂性超出了健壮性曲线的峰值。为什么会这样呢？原因就在于不确定性。下面就以前面说过的在网络协议中采用 TLV 封装方式为例来说明下面哪种设计方式更好。

---

1 David L. Alderson and John C. Doyle, "Contrasting Views of Complexity and Their Implications for Network-Centric Infrastructures," IEEE Transactions on Systems, Man, and Cybernetics 40,no. 4 (July 2010): 840.

- 设计一种协议，不但原始格式可以处理大量场景，而且还支持多种在协议设计之初无法看到的扩展能力。

- 设计一种协议，使用尽可能少的信息来满足设计初期的需求。

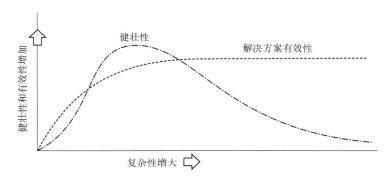

图 1.4 复杂性、健壮性以及解决方案有效性之间的关系

在设计单一协议的情况下，第二种设计方式（即使用尽可能少的信息来满足设计初期提出的需求）看起来更好，具体原因如下。

如果优化设计的协议仅满足设计初期的需求，那么其随路能力要求总是小于具备灵活扩展能力的协议要求。所有的 TLV 都必须有一个 TLV 报头，用来描述类型和长度。如果协议被设计成仅携带一组特定信息，那么就无需携带额外信息来说明正在携带的信息内容。也就是说，如果协议需要具备灵活扩展的能力，以便在未来能够灵活增加新的数据类型，那么协议就必须携带元数据或者数据描述信息。如果协议被"关闭"了（即无法扩展），那么元数据只是协议描述的一部分，就无需携带在数据包中。对于可灵活扩展的协议来说，如果元数据是随路能力或携带在数据包中，那么就能创建灵活的扩展能力；如果元数据是外在功能或位于协议实现中，那么就能优化协议本身。

如果优化设计的协议仅满足设计初期的需求，那么其信息处理能力要求总是优于具备灵活扩展能力的协议要求。同样，采取 TLV 方式设计的协议或者能够在未来携带多种信息类型的其他格式协议都得执行更复杂的处理操作。协议需要找到每个数据的位置，但不能使用"偏移量"功能，因为协议需要灵活扩展。相反，数据流只能采用遍历方式来找到下一个 TLV 报头，而且协议还必须根据所有的 TLV 规则集来处理这个 TLV（如图1.5 所示）。

图 1.5 中的两种数据包都包含 X 值（一个八位组），下面就来分析在不同的数据包格式下，协议找出该八位组的不同处理过程。

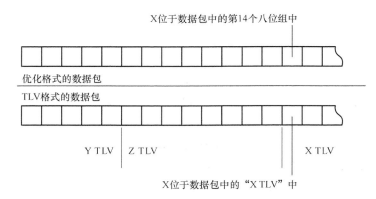

图 1.5   TLV 格式与优化格式的数据包格式

对于优化格式数据包来说：

- 挑出 14 个八位组；

- 从第 14 个八位组读取 X 值。

对于 TLV 格式的数据包来说：

- 读取第一个 TLV 报头；

- 这是 Y TLV，找到长度字段并跳到该数据包中的 TLV 末端；

- 读取第二个 TLV 报头；

- 这是 Z TLV，找到长度字段并跳到该数据包中的 TLV 末端；

- 读取第三个 TLV 报头；

- 这是 X TLV；

- 跳到 X TLV，根据特定的 TLV 格式读取 X 值。

可以看出，优化格式的数据包的处理过程相对较为简单，而 TLV 格式的处理则需要将更多的比特移入和移出存储器，并执行检测等操作。通过优化协议来携带非常明确的数据信息，就能让数据变得有序，从而简化数据处理过程，进而降低处理器的压力。这一点对于分组交换领域（通过定制化硬件来实现数据包的高速交换）以及利用硬件实时处理数据包的领域来说尤为重要。

不过也有意想不到（或无法预测）的情况。我们通过 TLV 案例就可以从未来的协议扩展与差错处理等两个方面看出这个问题。

1.2.1　未来的协议扩展与新协议

假设已经设计完成了某种经过完美优化（包括随路能力及信息处理能力）的协议，可以以天为单位传送某大型企业各个工厂生产出来的工具的数量信息。后来该企业又发现了一个可以为潜在工具买家提供贷款的机会，因而衍生出一个新需求：在网络中发送工具贷款信息的能力。假设本着完美优化网络性能的精神，设计了一种新协议用来在网络中发送贷款信息。同样，该协议的目的是最大限度地减少整个网络的带宽占用及处理需求。随着贷款业务的逐步扩大，该企业认为巨额融资是一个很好的业务切入点，因而决定扩大自己的网点，不仅销售工具，而且还销售其他 5～6 种设备，并为这些设备提供融资服务。问题很快就浮现出来了：是继续设计和部署独立协议来分别管理每种新需求，还是设计一种统一、灵活的协议，可以在第一时间处理更多的应用需求？

从前面讨论过的 TLV 格式案例可以看出，TLV 格式的数据包需要消耗更多的随路带宽以及更多的处理能力，但允许通过单一协议来满足工具计数、工具贷款、一般性贷款以及其他产品的服务需求。与每种服务需求都通过单独协议来满足相比，如果协议的设计目标是在一组目标集下管理更多的数据类型，那么最终结果就会更加简单。

虽然该案例可能还无法说明所有问题，但随着学习的深入，大家一定会发现设计人员和架构师们需要经常面对这类问题。在现有协议之上新增协议就能解决当前问题，确实是一种"诱惑"，诱使人们不再深思熟虑需求目标、功能分离以及域隔离机制，仅仅通过在现有协议之上新增协议来解决问题就好像"盘子中的面条"一样杂乱无章。这种现象的另一个案例就是将为某种目的而设计的协议用于完全不同的目的。如 RSVP（Resource Reservation Protocol，资源预留协议）的初始设计目标是在一条路径上为一组特定数据流预留队列资源和处理空间，而目前最常见的 RSVP 用途却是作为网络流量工程的信令协议，该用途与 RSVP 的设计初衷大相径庭。

1.2.2　意外差错

现实世界中的另一个不确定性来源是差错。不管出于何种原因，事物的发展不可能总是按计划进行。协议或网络如何面对突发事件是一个值得认真考虑的重要问题，尤其是网络已经成为人们"正常"生活的一部分（从游戏到金融交易再到医疗流程），大量事件都已经严重依赖于网络。

为了应对网络差错问题，很多协议都设计了检错或纠错码。从奇偶校验位的案例即可看出为提高健壮性而增加的复杂性（如图 1.6 所示）。

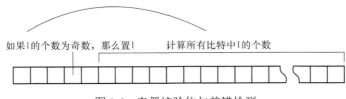

图 1.6   奇偶校验位与差错检测

奇偶校验位是检错码的一种简单应用示例。生成数据包的时候计算出二进制 1 的总数，从而确定二进制 1 的个数是偶数还是奇数。如果二进制 1 的个数为奇数，那么就将奇偶校验位设置为 1，从而使 1 的个数变为偶数。目的端收到数据包之后，如果发现包括奇偶校验位在内二进制 1 的总数为奇数，那么就知道这个数据包在传输过程中由于不明原因被破坏了。虽然该方式无法告诉目的端什么是正确的信息，但是可以让目的端知道数据包损坏了，可以要求重传。

增加了奇偶校验位之后，数据包的处理复杂性也随之增加了。必须将整个数据包存储在缓冲区中，才能计算出二进制 1 的个数（忽略奇偶校验位）。如果二进制 1 的个数为奇数，那么还需要在发送数据包之前设置奇偶校验位。目的端收到数据包之后，同样需要计算二进制 1 的个数，如果是偶数才能继续处理数据包。此外，协议还必须具备某种重传机制，以便发现问题后能够重传正确的数据包。那么这种复杂性的增加是否值得呢？这取决于正常运行条件下这类系统的故障检出频度或者单次故障造成的破坏程度，也就是看奇偶校验位等措施在检错和纠错工作中发挥的作用程度。一般来说，检错或纠错机制的复杂性越高，应用程序从故障状态恢复正常工作的能力也就越强，但代价是需要引入额外的数据包处理流程，而且纠错码本身也可能存在潜在的差错风险。

1.3   为什么不建立极其复杂的系统

增加复杂性不但能够让网络更容易地应对未来需求和突发事件，而且还能通过一个较小的基本功能集提供更多的服务。如果确实如此的话，那么为什么不在网络上建立一种可以处理所有潜在需求以及所有可能事件序列的协议呢？在单一网络中运行单一协议，能够减少网络工程师们所要面对的动态组件数量，从而让我们的生活变得更加简单。确实如此吗？

事实可能并非如此。有时复杂系统会变得"易碎"——健壮且脆弱，我们可以用"易碎"一词来描述复杂系统的这种状态。"易碎"系统可以灵活自如地应对预期情况，但突发情况却又会导致系统失效。以现实世界中的刀为例。刀的特性很有意思，它必须足够硬，才能进行正常的剁切操作，同时还必须足够柔韧，从而在使用过程中出现少许弯曲之后还能恢复原状且不留下任何损坏痕迹。此外，掉到地上之后还不能碎裂。人们经过多年的研究和实践，希望找到合适的金属，但不同的金属在不同的情况下又具备不同的特性，所以在不同的情况下用什么样的金属来做什么样的刀，需要进行长期深入的技术研究。

　　淬炼刀锋的过程中有一个特定阶段对于我们理解复杂性很有帮助，这个阶段就是回火。在回火过程中，刀片首先被加热到非常高的温度，然后进行冷却，重复多次之后就可以使钢中的分子排列整齐，从而形成钢中的晶粒（如图 1.7 所示）[1]。

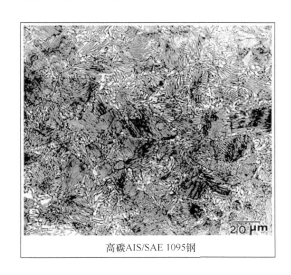

高碳AIS/SAE 1095钢

图 1.7　硬化钢中的晶粒

　　这种结晶现象与木材中的纹理类似，可以产生立体化张力，作用是让钢片变得异常坚硬。事实上，钢片的硬度高到了掉到水泥地或瓷砖上之后就会碎裂，此时的刀片就是"易碎的"——健壮且脆弱。它能够很好地满足主要设计目的（切割材料），但无法很好地应对突发事件（掉在坚硬的地面上或在使用过程中扭曲变形）。为了让刀片坚韧耐用，还需要对刀锋进行"淬火"。在淬火过程中，钢片被加热（温度通常低于钢的硬化温度），然后在油中骤冷。淬火的作用是让钢片中本应出现的晶体结构变得不稳定，从而让钢片变得不特别坚硬，就是这种淬火过程让钢片变得更加有韧性。最终结果就是刀片上带有刀锋，硬度足以满足切割需要，同时其韧度也能够满足日常使用需要。

　　钢在硬化过程中产生的晶体结构使得钢结构更加复杂。对于网络和协议而言，很多方式都

会增加其复杂性。例如通过在数据包中添加 TLV 来增加元数据，或者在源端与目的端之间增加更多路径，或者为减少处理变更导致的错误量而部署的自动化进程等。同样，网络和协议也需要淬火过程，我们可以通过多种方式实现该目的，如协议分层、功能分区、故障分域等。

因此，我们可以将复杂性视为一种权衡取舍。如果在网络的某个弹性方向走得太远，那么就会发现网络因为缺乏冗余或者只有一个故障域而显得弹性不足。如果在另一个弹性方向走得太远，那么同样会发现网络因为协议或系统无法应对快速变化而显得弹性不足。这种事情没有绝对的"完美平衡点"（与钢的淬炼过程一样），完全取决于网络工程师希望达到的目标。下面将通过技术领域的两个案例来进一步说明这个问题。

1.3.1   快速、廉价与优质：选择两项

虽然所有的人都知道这一点，但仍需时时提醒。面对任何决策的时候，都有 3 个可选目标：快速、廉价与优质。这 3 个目标只能选择两项，无法全部兼得。如果选择了廉价快速的解决方案，那么解决方案的最终质量就不会太高。如果选择了优质廉价的解决方案，那么实施时间就一定很长。我们可以通过图 1.8 来解释这三者之间的权衡关系。

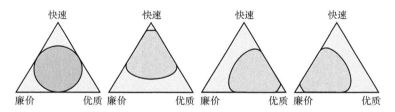

图 1.8   快速、廉价与优质难题

我们将图 1.8 中的阴影区域称为"现实世界"，将更大更浅的阴影三角形称为"目标世界"。虽然目标包含了所有 3 种可能性，但现实却是结构化的，只能在一定程度上实现目标或者目标的某些部分。既可以选择均等地权衡这 3 个目标（如最左侧图形所示），也可以聚焦于快速、优质或廉价目标（如右侧的 3 张图形所示）。从图中可以很清楚地看出这三者之间的权衡关系。

1.3.2   一致性、可用性与分区容忍性：选择两项

在美国计算机协会举办的 2000 年分布式计算规则研讨会上，Eric Brewer 提出了一篇名为《迈向强大的分布式系统》的论文[1]。Brewer 指出，如果应用程序要求所有分布式数据库

---

1 Eric Brewer, "Towards Robust Distributed Systems," July 19, 2000, http://wisecracked/~brewer/cs262b-2004/PODC-keynote.pdf .

的信息保持同步，那么就会导致分布式系统无法很好地运行。Brewer 认为，为了实现真正的分布式计算，应用程序设计人员必须放弃一致性。2002 年，业界证明 Brewer 定理是正确的，目前被称为 CAP 定理。简单而言，CAP 定理表明不能要求数据库同时满足一致性（Consistency）、可用性（Availability）和分区容忍性（Partition Tolerance）要求，只能选择其中的两种属性。为了在原汁原味的环境中更好地理解 CAP 定理，下面将详细分析这 3 种属性的一些细节信息。

- **一致性**。无论任何用户在任何时间和任何地点读取数据，所有数据库都应该确保数据的一致性。例如，如果在网上零售商的购物车中放入了一件商品，那么使用该网站的其他用户都应该能够看到该商品的可售数量相应地减少了。如果数据库不一致，那么就会导致两个用户订购同一件可售商品。通常将一致性称为原子性，原子操作完成之后，数据库的状态就是"所有用户看到的数据均完全相同"。

- **可用性**。可用性就是用户需要读写数据时数据库可以保证完成操作。虽然可用性的定义经常发生变化，但是在一般情况下，可用性指的是外部进程或用户可以容忍数据库具有一定程度的不可用性，只要数据库的可用性高于容忍程度即可。

- **分区容忍性**。分区容忍性指的是数据库可以部署在多个被网络分隔的设备和进程中而不影响数据库本身的操作。从定义上来说，分布式数据库就是被分隔的数据库，每台设备都运行着数据库的某个部分。对于现实世界来说，为了解决性能和扩展性问题，通常都要将数据库进行分区部署。

只要简单地将图 1.8 中的标签更改为一致性、可用性和分区容忍性，就可以就看出 CAP 定理中的这三者关系了。

> 注：
>
> 网络工程师们发现路由协议其实就是一种简单的分布式实时数据库系统，这也是 CAP 定理的一个实际应用。

1.4　复杂性内涵

到目前为止，已经了解了复杂性的一些基本信息。

- 复杂性的定义不是一个，而是一组。复杂性的定义是以解决系统问题时产生的可理解性、交互面以及问题之间的相互关系为中心。

- 复杂性是对未来以及现实世界中的双重不确定性的反映。

- 在一个受限的物理或虚拟空间中，为了支持一系列能力及功能需求，必然要引入复杂性问题。

- 复杂性不是单一事物，而是一组不可避免的权衡取舍。

这里需要解释一下最后一条内容。在质量/速度/成本难题及 CAP 定理中，只能同时满足两种属性，无法同时满足所有属性。可以将任何一对属性的相互关系表达成公式为 C≤1/ R 的曲线（如图 1.9 所示）。图 1.9 是成本与质量之间的曲线关系，称为图灵曲线，该曲线在现实生活中的应用非常广泛。

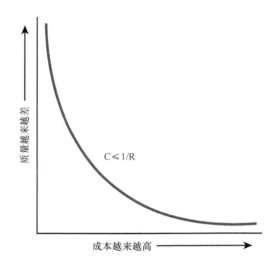

图 1.9   成本与质量的关系（C≤1/ R）

图灵曲线有多个"平衡点"，工程师们的任务就是在特定场景下寻找平衡点。有时是刻意寻找，有时是无意间遵循上述曲线；有时平衡点很明智也很合理，有时则并非如此。

后面两章将从更广泛的角度来讨论复杂性问题，尤其是计算机网络的复杂性问题。第 2 章将首先讨论复杂性组件，即构成网络的动态组件以及组件之间的相互作用。第 3 章将讨论网络复杂性的多种测量方法，说明当前可用的主要测量工具。在第 2 章和第 3 章之后，本书将讨论一些实际问题，从而为网络工程师提供有效帮助。网络工程师们在设计和部署网络及协议时，必须意识到为复杂性问题考虑的多种权衡取舍，只有真正理解了复杂性内涵，才能让决策更加明智可行。

第2章

复杂性组件

处理断网故障过程一般都比较"紧张刺激"，时间紧、压力大、故障定位难等。在大型企业中工作更是如此，几乎每天都可能会遇到大量断网故障。处理断网故障时，首先要想办法让网络"安静"下来，即暂时恢复业务，然后再进行详细的故障排查。为了更好地处理大量断网故障，可以考虑开发一组简单高效的补丁或修复工具，以暂时恢复网络业务，从而可以从容地启动排障流程。例如，网络工程师们在处理距离矢量路由协议故障时可以采取以下步骤来稳定网络：

- 查看路由协议拓扑数据库；

- 确定路由表中去往任意目的端平均存在多少条路径；

- 将接口配置为被动接口（这些接口不交换可达性信息），直至等价路径的平均数量少于 4 条。

例如，假设某网络无法完成路由收敛，分析后发现路由表中存在大量外部路由（如 75% 及以上均为外部路由），而且这些外部路由的生命期非常短。如果想让网络先稳定下来，那么第一步应该做什么？应该找到路由重分发节点，用重分发静态路由的方式来代替重分发动态路由。

但是为什么要在深入排障并规划故障恢复步骤之前，要将这些手段作为初始步骤呢？因为这些步骤处理了大型网络复杂性的所有三个组件：状态数量、状态变化速度以及交互面范围。

为了构建和管理大规模弹性网络，网络工程师们必须管理好复杂性问题。说起来简单，但做起来很难。对于所有工程问题来说，首要步骤就是要决定如何解决问题。如何才能将问题分解成若干较小的问题，从而一一破解这些小问题呢？这些小问题之间有何交互关系？分析复杂性时必须记住三个重要组件：状态、速度和交互面。分析这三个组件有助于网络设计人员和架构师们通过一种有效、平衡的方式来解决复杂性问题。虽然可以选择多个点作为探索复杂性的起点，但是比较好的起点就是控制面收敛进程，因为控制面收敛进程涉及很多问题以及很多其他相关的网络系统。

2.1 网络收敛

作为典型案例，我们可以从网络收敛进程中提炼出网络复杂性的多个组件。网络收敛是网络工程的重要领域，从事网络工程的人员几乎都以各种方式从事过网络收敛工作。因此，我们可以借助网络收敛进程相对轻松地将复杂性的各种组件梳理和整理成复杂性研究领域的各个概念。

2.1.1 路径矢量协议案例：BGP

对于 BGP（Border Gateway Protocol，边界网关协议）来说，收敛时间的主要组件如下。

- MRAI（Minimum Route Advertisement Interval，最小路由宣告间隔）：该定时器的作用是防止大量状态变更信息导致系统压力过大，特别是防止形成正反馈环路（详见第 8 章）。

- 处理和完成最佳路径计算的时间，特别是路由服务器、路由反射器以及需要处理比常规 BGP 路径多得多的其他设备。

- BGP 进程与其他进程的交互时间：在运行 BGP 的设备上，BGP 进程需要与其他多个进程交互信息，如 RIB（Routing Information Base，路由信息库）和其他协议进程。

图 2.1 给出了 BGP 收敛示意图。

图 2.1 所示网络中的路由器 F 到 2001:db8:0:2::/64 网段的链路出现了故障。

- 路由器 F 向路由器 D、路由器 B 和路由器 E 发送路由撤销消息。对于路由器 B 而言，路由器 F 是去往 2001:db8:0:2::/64 网段的最佳路径，所以路由器 B 需要再寻找一条去往 2001:db8:0:2::/64 网段的可用路径。在计算最佳路径的过程中，路由器 B 将选择路由器 D 做为最佳路径的下一跳，并向路由器 A 发送一条显式路由撤销消息，以便将新路径的信息告知路由器 A。

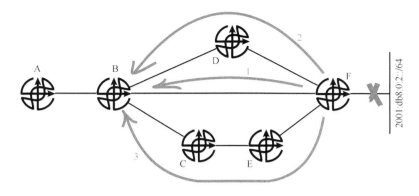

图 2.1 BGP 收敛进程示意图

- 路由器 D 和路由器 E 也完成了 2001:db8:0:2::/64 路由失效的处理过程，因而路由器 D 向路由器 B 发送了路由撤销消息，路由器 E 向路由器 C 发送了路由撤销消息。

- 路由器 B 收到路由器 D 的路由撤销之后，检查其路由表并确定当前的最佳路径是 [C,E,F]。需要注意的是，路由器 C 此时仍在处理从路由器 E 收到的路由撤销消息，因而路由器 B 仍然认为经由路由器 C 的路径可用。虽然路由器 B 确定其应该向路由器 A 发送新的携带路由撤销的路由更新消息，但必须等到 MRAI 定时器超时之后才能发送。

- 此时路由器 C 已经处理完路由器 E 的路由撤销，并向路由器 B 发送路由撤销。

- 路由器 B 检测本地路由表，发现其没有去往 2001:db8:0:2::/64 的路径，因而向路由器 A 发送路由撤销消息。至此路由收敛进程全部完成。

从以上可以看出，BGP 在收敛过程中，网络从最短路径到最长路径被依次选择为最佳路径。同样，如果 BGP 学到了新的目的端，那么也要重复相似的选路及宣告过程[1]。

每次增加或减少 AS（Autonomous System，自治系统）路径的"周期"中都有一个 MRAI 定时器，MRAI 定时器的存在延长了网络收敛时间。计算最佳路径的时间对 BGP 的收敛时间也有重要影响，尤其是在 BGP 路由器需要处理大量路由的时候（如路由服务器或路由反射器）。此外，BGP 进程与路由器上运行的其他进程（如 RIB 进程）的交互时间也会影响最佳路径的计算时间。因而设计并实现一个稳定高效的 BGP 并不是一件很容易的事情，全

1 Shivani Deshpande and Biplab Sikdar, "On the Impact of Route Processing and MRAI Timers on BGP Convergence Times," April 27, 2012, http://www.ecse.rpi.edu/homepages/sikdar/papers/gbcom04s.pdf .

球迄今为止称得上稳定高效且应用广泛的 BGP 实现只有寥寥数种而已。

2.1.2   距离矢量协议案例：EIGRP

虽然 EIGRP（Enhanced Interior Gateway Protocol，增强型内部网关协议）的应用范围已经大不如从前，但是其收敛进程仍值得深入分析，对于理解分布式控制面的收敛方式来说非常有用（如图 2.2 所示）。

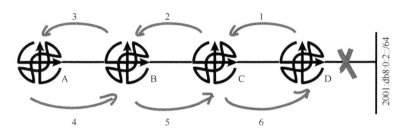

图 2.2   EIGRP 收敛进程示意图

图 2.2 中的 EIGRP 收敛进程非常简单。

1. 路由器 D 发现其去往 2001:db8:0:2::/64 的链路出现了故障，因而需要查找一条备用路由。但是路由器 D 并未找到备用路由，因而需要向路由器 C 发送查询消息，询问路由器 C 是否拥有备用路由。在等待路由器 C 的查询应答期间，路由器 D 将路由 2001:db8:0:2::/64 设置为活跃状态。

2. 路由器 C 收到路由器 D 的查询消息之后，首先在本地数据库中查找是否有不经由路由器 D 的备用路由，但是未找到备用路由，因而路由器 C 向路由器 B 发送查询消息，询问路由器 B 是否拥有备用路由。在等待路由器 B 的查询应答期间，路由器 C 将路由 2001:db8:0:2::/64 设置为活跃状态。

3. 路由器 B 收到路由器 C 的查询消息之后，首先在本地数据库中查找是否有不经由路由器 C 的备用路由，但是未找到备用路由，因而路由器 B 向路由器 A 发送查询消息，询问路由器 A 是否拥有备用路由。在等待路由器 A 的查询应答期间，路由器 B 将路由 2001:db8:0:2::/64 设置为活跃状态。

4. 路由器 A 收到查询消息之后，也未找到备用路由，但此时路由器 A 没有其他邻居可以查询，因而从自己的本地路由表中删除该路由信息，并向路由器 B 发送应答消息。

5. 路由器 B 收到路由器 A 的应答消息之后，从本地路由表中删除该目的端信息，并向路由器 C 发送应答消息。

6. 路由器 C 收到路由器 B 的应答消息之后，从本地路由表中删除该目的端信息，并向路由器 D 发送应答消息。

7. 路由器 D 收到路由器 C 的应答消息之后，从本地路由表中删除 2001:db8:0:2::/64。

虽然 EIGRP 收敛进程看起来似乎工作量挺大（从处理速度来看，图 2.2 给出的是一种最坏情况），但每台路由器处理查询消息和发送应答消息的速度都非常快（因为每个步骤需要处理的任务很少）。事实上，对于典型的 EIGRP 网络来说，每跳查询操作所需的收敛时间仅在 200ms 左右。

尽管如此，也很容易看出节点需要处理的状态数量对收敛时间来说具有重要影响，而且每台路由器都要串行处理网络拓扑的变化信息，因而状态数量对于网络的稳定性来说也有很重要的影响。以路由器 A 为例，在网络中的所有其他路由器都处理完查询信息之前，路由器 A 无法得知去往 2001:db8:0:2::/64 的连接出现了故障。

虽然每台路由器都只需 200ms 时间即可处理完拓扑结构的变化信息，但是如果单个事件包含了成百上千次拓扑结构变化，那么查询路径上的每台路由器都要分别处理每个可达目的端的变化信息（与 BGP 很像）。因此，网络可达性的大量变化会给查询进程涉及的所有设备带来巨大的处理器及内存压力。

2.1.3 链路状态协议案例：OSPF 与 IS-IS

OSPF 和 IS-IS 都是链路状态协议，它们收敛时呈现出的特性与路径矢量协议及距离矢量协议完全不同（如图 2.3 所示）。

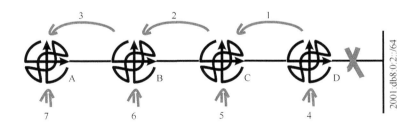

图 2.3 链路状态路由协议收敛进程示意图

图 2.3 给出的收敛进程如下。

1. 路由器 D 发现去往 2001:db8:0:2::/64 的链路出现了故障。为了将网络拓扑结构的变化信息宣告给其他路由器，路由器 D 构造了一条 LSA（Link State Advertisement，链路状态宣告）消息（对于 OSPF 而言）或重新生成一个链路状态 PDU（Protocol Data Unit，协议数据单元）（LSP 就是一个链路状态数据包，与 OSPF 中的 LSA 相似），并将该新信息宣告给路由器 C。

2．路由器 C 收到该新信息之后，暂不处理该信息，只是简单地复制该消息并转发给邻居，即路由器 B。路由器 C 最终会处理该信息，但链路状态路由协议需要先将网络拓扑结构的变化信息泛洪出去，然后再处理该信息。这样做的好处是，在所有设备都急需新信息来保持路由数据库同步时，先泛洪再处理的方式可以加快网络收敛速度。

3．路由器 B 收到该新信息之后，暂不处理该信息，而是复制该消息并转发给所有邻居，即路由器 A。

4．路由器 D 泛洪拓扑结构变化信息之后的某个时间点（由链路状态协议中的定时器进行设置），在本地运行 SPF（Shortest Path First，最短路径优先）算法来计算新路由，以确定是否需要更新路由表。路由器 D 最终会从本地路由表中删除 2001:db8:0:2::/64。

5．在路由器 D 计算新的 SPF 之后稍晚一点儿，路由器 C 也开始运行 SPF 算法以计算新路由，最终也在本地路由表中删除 2001:db8:0:2::/64。

6．在路由器 C 计算新的 SPF 之后稍晚一点儿，路由器 B 也开始运行 SPF 算法以计算新路由，最终也在本地路由表中删除 2001:db8:0:2::/64。

7．最后，路由器 A 也执行相同的计算过程并在本地路由表中删除 2001:db8:0:2::/64。

> **注：**
>
> 以上只是链路状态路由协议控制面收敛进程的简单描述，本书后续章节在讨论复杂性相关内容时还会进行详细分析。如果希望了解有关链路状态协议工作过程的详细信息，可以参阅 "IS-IS for IP Networks" 等书[1]。

本例中的数据包为宣告网络拓扑结构变化信息所携带的状态数量从以下几个方面影响了收敛速度。

- 链路状态信息从网络中的一台路由器传送到另一台路由器的时间，该时间包括将数据包串行发送到链路上的时间、同步接收数据包的时间、数据包在缓存队列排队的时间等。网络中的任何一次拓扑结构变化都要发送多个数据包，描述网络拓扑结构的状态越多，携带该信息所需的数据包数量就越多。

1　Russ White and Alvaro Retana, IS-IS: Deployment in IP Networks , 1st edition. (Boston: Addison-Wesley, 2003).

- 存储和处理网络拓扑结构变化信息的时间，该时间的长短取决于网络拓扑结构变化的次数以及描述网络拓扑结构所需的状态数量。当然，我们可以通过一些机制（如局部 SPF 算法）来优化该时间，这是因为大量多余状态及状态信息在收敛过程中对计算结果几乎毫无结果，但是却占用了大量的收敛时间。

因此，对于链路状态路由协议来说，在网络拓扑结构发生变化的时候，协议所需的状态数量以及协议收敛所需的时间是有关联的。

2.2 状态

对于大型系统来说，无论是管理这类系统的操作人员，还是管理和处理相关信息的协议以及计算机系统，都不得不面对极其庞大的状态数量。这些状态的数量会严重影响网络的收敛速度，下面将详细分析其原因。

2.2.1 信息量

首要影响因素就是网络收敛时所要传送的信息量。

以 BGP 更新包所携带的信息量为例。根据数据包格式及历史信息，我们假定单个 BGP 更新包大约需要占用 1500 字节内存，截至本书写作之时，完整的路由表大约包含 50 多万条路由，这就意味着网络中的路由器在传递这些路由信息时至少需要传送 795MB 数据量，这还没有包括 TCP 报头开销、构成数据所需的 TLV 以及传送数据所需的其他信息。

虽然目前的路由器绝大多数都配置了 5GB 内存，795MB 看起来似乎并不算多，但是需要记住的是，网络是一个分布式数据库系统，包含了大量路由器。到底有多少呢？截至本书写作之时，Internet 大约连接了 48 000 个 AS[1]，每个 AS 都包含了 10～1000 台 BGP 路由器。即使我们无法准确估算每个 AS 所包含的 BGP 路由器数量，仅仅采取保守估计，即认为每个 AS 仅包含 10 台路由器，那么也得在 480 000 台路由器之间同步 795MB 路由表信息，这个量就极其庞大了，不是吗？

上述 Internet 案例看起来确实非常震撼，虽然我们遇到的多数网络并不都是 Internet，但是即便不是 Internet，通常网络中也会包含 1000 台路由器，而这 1000 台路由器需要实时（即秒级或毫秒级，而不是分钟级、小时级甚至按天计算）同步数以 MB 计的路由表信息，

---

1 "Team Cymru Internet Monitor—BGP Unique ASN Count," http://www.cymru.com/BGP/unique_asns.html .

相应的信息量也是极其庞大的。

对于距离矢量路由协议来说，更新消息所携带的信息量也是一个很重要的影响因素，只是此时影响网络收敛速度的方式不同。例如，如果两台设备之间通过多条等价链路互连，在距离矢量路由协议中，每条等价链路都对应一条路由，称为等价路由，路由中的可达性信息均相同，可以认为等价路由中的可达性信息是完全拷贝的。不过，等价路由中的路由信息有时可能没有同步或者因其他问题而出现可达性信息不一致，而且这些等价链路也存在潜在的环路风险，导致网络无法收敛。此时网络工程师们必须关闭等价链路，以稳定距离矢量路由协议的控制面，从而去除网络中的大量额外状态。减少了状态数量之后，路由协议的控制面也就容易收敛了，网络也就能正常工作了，此时就可以进一步分析查找网络的故障原因。

链路状态更新消息中携带的信息量对链路状态协议的运行影响情况与此类似。如果携带的信息量过大，不但会增加协议在网络中泛洪这些信息所需的时间，而且也增大了 SPF 算法为构建网络拓扑所要遍历的数据库。如果额外信息所在节点位于最短路径上（而不是离开边缘网络的节点），那么这些额外信息也会对 SPF 运算速度造成直接影响。

2.2.2　现实世界中的状态故障案例

大多数网络故障都不是纯粹的"状态驱动型"事件，通常都包含状态、速度及交互面等诸多因素。不过也存在少数纯粹由状态导致的网络故障案例，如大型星型网络因链路状态快速反复变化而导致的网络崩溃（如图 2.4 所示）。

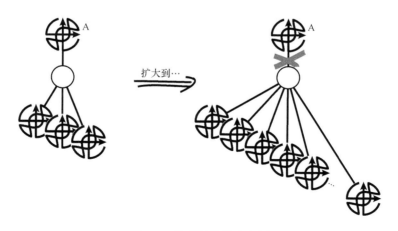

图 2.4　星型网络故障案例

图 2.4 中的网络最初只有少量分支站点或远程站点，后来随时间的推移而逐渐增多。随着分支站点的增多，状态数量也随之增加，只要状态数量的增加速度足够缓慢，控制面就有足够的时间来适应可达性的少量变化。但是，如果中心站点路由器 A 的链路出现了故障，那么整个分布式数据库都会随之立即发生变化，通常都会超过控制面的处理能力。具体的事件处理过程如下。

- 路由器 A 的链路出现故障，导致所有邻居关系均同时失效。
- 链路恢复正常之后，连在星型网络上的所有路由器都要尝试与路由器 A 建立邻接关系。
- 某些分支站点路由器成功地与路由器 A 建立邻接关系。
- 成功与路由器 A 建立邻接关系的分支站点路由器都要向中心站点路由器发送它们的全部路由表信息。由于大量的路由信息会占满路由器 A 的输入队列，因而路由器 A 会丢弃 Hello 及其他邻接信息。
- 路由器 A 丢弃了这些信息之后，会导致邻接关系失效，从而需要重新建立邻接关系。

一句话"欲速则不达"！大量路由器都希望立即建立邻接关系的结果就是导致所有邻接关系失效，整个过程不断往复、无法稳定。解决这个问题的方法就是让建立邻接关系的进程慢下来。也就是说，在开始建立邻接关系的时候，仅允许少量分支站点路由器启动邻接关系建立进程，等它们建立好了邻接关系之后再让另一组分支站点路由器启动邻接关系建立进程。这种方式的思路是将分支站点路由器划分成较小的组，在某个时间段内，仅允许一组路由器建立邻接关系，这样就能很好地控制网络中的信息量，从而将中心站点路由器所要处理的信息量控制在较低水平。这种化整为零的解决方案恰恰回归了网络本源：网络的初始规模本就很小，只是随着时间的推移而变得越来越大而已。

2.2.3　关于状态的最后思考

如果把路由协议看成是一个分布式、准实时数据库，那么数据库的收敛时间实际上就是数据库的未同步时间。前面所说的 EIGRP 案例尤为明显：EIGRP 的活跃定时器就是允许网络处于未收敛状态的时间。也就是说，可以在这段时间内丢弃数据包（而不用将其转发给最终目的端）。BGP 与 EIGRP 相似，对于 BGP 来说，虽然在未收敛期间通常并不丢弃流量，而是通过次优路径进行转发，但是相应的抖动和时延都会出现劣化。对于链路状态路由协议来说，被称为控制面的分布式数据库处于不一致期间，允许流量成环或丢弃（取决于拓扑结构的变化类型以及处理顺序）。就像本例中的星型网络故障那样，我们可以将状态可以划分成更小的块，从而提高整体处理效率。

2.3 速度

在大多数情况下，状态的变化速度对于网络故障的影响程度要高于系统状态的绝对数量。只要状态相对平稳，就不会增加网络节点转发流量的成本。与控制面相比，静态状态对于转发面或数据面来说确实是一种成本。下面将通过两个状态变化速度案例来说明它们对网络收敛的重要影响。

2.3.1 永不收敛的网络

首先从一个简单问题说起：全球 Internet 的收敛时间大概是多少？换句话说，如果随机从某个边缘节点或上游运营商的网络中删除一条路由，那么其余 Internet 路由器需要多长时间才能发现该目的网络已经不可达？为了进一步简化问题，假设我们在 Tier 3（第三级）运营商（而不是 Tier 1 运营商）的边缘节点删除了一条路由，那么就必须穿越 4 个 AS 才能将该路由信息扩散到全网（事实上，由于 AS 跳数具有长尾分布效应，因而实际的跳数要大于 4 跳，这里所说的 4 跳只是一个接近平均值的数值）。

因此，此时的收敛时间问题就变成了"一条 BGP 路由需要多长时间才能穿越 4 个 AS"。根据大量的研究和实验测试，如果不考虑 BGP 抑制机制，那么答案就比较简单，即 BGP 的收敛时间可以利用下列公式进行计算：

收敛时间=（最大 AS 路径长度–最小 AS 路径长度）×MRAI

其中的 MRAI 是最小路由宣告间隔，或者是宣告特定目的端之后到再次宣告相同目的端最新信息之前的时间段。假设某路由的 AS 跳数为 4，目前该路由不可达，且 MRAI 为 30s，那么根据经验，大概需要 2 分钟才能从全球路由表中删除该路由。

如果是注入 BGP 路由而不是删除 BGP 路由，那么需要多久才能完成全网扩散呢？具体取决于每台 BGP 路由器的扩散时间。Internet 的 BGP 路由器分为内部 BGP 路由器和外部 BGP 路由器，它们都采用端到端的方式扩散路由信息。BGP 路由器需要接收、处理新路由信息，然后再发送给其他 BGP 路由器。图 2.5 给出了 MRAI 对 BGP 收敛进程的影响情况。

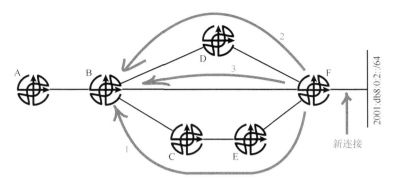

图 2.5　注入新路由的 BGP 收敛进程

假设图 2.5 中的 BGP 按照最坏的可能顺序宣告路由，那么在 2001:db8:0:2::/64 首次连接到路由器 F 上之后，会发生下述事件。

1. 路由器 F 将新目的网络宣告给路由器 E，路由器 E 宣告给路由器 C，路由器 C 宣告给路由器 B，最后再宣告给路由器 A。此时路由器 B 为该路由设置 MRAI。

2. 路由器 F 同时也将新目的网络宣告给路由器 D，路由器 D 也会宣告给路由器 B。路由器 D 比路由器 C 宣告得慢一些，所以路由器 B 先收到路由器 C 的宣告，且路由器 B 选择路由器 C 作为最优路径的下一跳。此时路由器 B 相当于重新计算了最优路径，但是在 MRAI 定时器超时之前不会向路由器 A 宣告新路由。等到 MRAI 定时器超时之后，路由器 B 就会立即向路由器 A 宣告该最短路径。

3. 路由器 F 还会直接向路由器 B 宣告路由 2001:db8:0:2::/64，该宣告消息到达路由器 B 的时间正好是 MRAI 定时器刚刚超时之后，路由器 B 经由路由器 D 将该路径宣告给路由器 A，并重置 MRAI 定时器。在 MRAI 定时器超时之前，路由器 B 不能再向路由器 A 宣告新的（最短）路径。

我们从现网（如全球 Internet）就可以看到上述进程，本例中的 MRAI 定时器导致新路由信息需要经过数分钟（而不是数秒钟）才能传播出去。

另一方面，目前全球 Internet 的变化频度如何呢？图 2.6 是 potaroo.net 的统计图，截至本书写作之时，potaroo.net 是一家测试全球路由表的网站[1]。

从图 2.6 可以看出：

- 纵轴表示全球（默认自由区）Internet 路由表每秒变化速率，均值大概在每秒 15～

---

1 "The BGP Instability Report," http://bgpupdates.potaroo.net/instability/bgpupd.html .

30 次，峰值可能高达每秒 50 次；

- 横轴表示时间，同时还展现了每天的速率变化情况。从长期测试结果可以看出，这种变化模式在这么多年里一直存在。

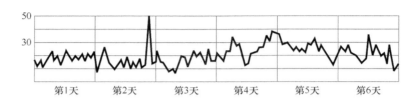

图 2.6　全球 Internet 路由表的变化速率

很明显，对于全球 Internet 路由表的任何变化来说，收敛速度都是以秒或分钟来度量的（平均收敛时间大概在 70～80 秒）。

如果网络的路由表每秒钟都要出现 15～50 次变化，那么我们就很难说这样的网络处于收敛状态了（太不稳定了）。事实上，Internet 是不会真正收敛的，至少近些年来就没有真正收敛过。那么 Internet 控制面是如何提供可靠的可达信息以保证 Internet 正常工作的呢？为什么 Internet 控制面不会像普通网络的控制面那样会"崩溃"呢？Internet 控制面稳定的主要原因在于"核心网络"稳定，绝大多数状态变化都发生在网络边缘，而且所有 AS 内部均采取了内部路由和外部路由隔离方式（详见后面的"交互面"一节）。

2.3.2　震荡链路

虽然震荡链路已经不像以前那样普遍存在了（尤其是广域链路），但是它们对收敛进程的影响却是毁灭性的（如图 2.7 所示）。

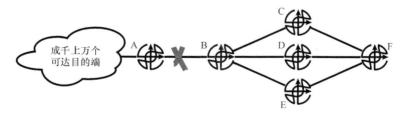

图 2.7　链路震荡以及变化速度导致的网络故障

路由器 A 与路由器 B 之间的链路每发生一次震荡，就会导致路由器 B、路由器 C 以及路由器 D 收到数千条更新消息，而路由器 F 则会在这段时间内连续收到三倍数量的更新消息，这种现象是带有分布式控制面的大型并行拓扑结构的多种弊端之一。现实世界中的路

由器 F 可能会因此而失效，导致网络无法收敛。根据网络的配置以及故障域范围，路由器
F 的故障（或者路由器 F 无法在持续接收拓扑结构更新信息的情况下保持正常工作）可能
会影响网络的其他部分，从而导致整个控制面出现故障。

因此，震荡链路的变化速度，以及导致拓扑结构更新信息倍增的平行链路组合在一起，
对于路由协议的收敛进程来说完全是一场灾难。

2.3.3　关于速度的最后思考

与其说是状态的变化速度摧毁了控制面，还不如说是信息的变化速度的不可预测性加
上每个时间段内的信息变化量摧毁了控制面。变化速度的随机性越大，变化的信息量越随
机，围绕状态变化制定计划的难度也就越大。大多数网络工程师在设计网络时都会考虑应
该采取何种方式互联网络模块、应该在哪些位置部署何种服务，以及如何让操作人员的工
作更加简便。但是几乎没有人会去思考控制面的稳定性，因为大家都想当然地认为控制面
的稳定性是毋庸置疑的。

处理网络复杂性的时候，速度是一个非常关键的要素。一般来说，速度越快，复杂性
就越高。

2.4　交互面

不同组件或系统之间通过交互面进行相互作用。一种观点认为，交互面是与状态数量
和状态变化速度交织在一起的，对它们可能会起到放大作用，也可能会起到减弱作用，但
归根结底，交互面对控制面的稳定性产生了影响。如果要理解复杂系统的交互面，那么就
必须理解交互面的三个基本概念。图 2.8 给出了其中的两个基本概念。

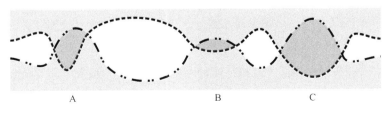

图 2.8　交互面

交互面中的这两个基本概念如下。

- **交互深度**（**Interaction Depth**）。可以将交互深度视为两个系统或组件之间相互作

用的强烈程度。例如，如果一个组件依赖于另一个组件按照特定方式格式化数据，那么在格式化数据的方式发生变化后，这两个组件也要发生同步变化。如果格式化数据的组件发生了变化，那么需要知道如何格式化数据的另一个组件也要随之更改。对于网络架构领域来说，可以将交互深度视为两个不同控制面之间的相互作用，或者是被检测数据包在流经网络时的格式化处理过程。单个数据包的格式变化可能会导致成百上千台设备进行更新操作，以保证能够正确地处理新的数据包格式。图 2.8 的 A 点和 C 点表示了两个组件之间的交互深度。

- **交互广度**（**Interaction Breadth**）。两个系统或组件之间的"接触"点数量称为交互面广度。两个系统或组件的交互点越多，它们组成的系统就越复杂。图 2.8 中的两个系统之间拥有三个交互点，其中的交互点 C 比其他两个交互点要宽，表示此处的单个任务（或一组任务）需要一组接口才能实现。

下面将以在网络中的一组路由器上配置两种路由协议为例，进一步说明上述概念。

- 路由器上配置的每种协议都与该路由器上配置的其他协议通过共享资源（如内存和处理器）产生相互作用。由于同一台路由器上的多种协议还要共享 RIB（或一组 RIB），因而其中的一种协议删除了一条路由之后会对另一种协议造成影响：可能是宣告一条替代路由，如果其他路由需要这条被删除路由的支持，那么这些路由也都将失效。一般来说，第一组交互面（竞争共享资源）是一种范围较窄的浅交互面。第二组交互面（通过共享 RIB 来共享和交互可达性信息）的范围虽然相对较宽，但仍然属于比较浅的交互面。

- 在网络中的每台路由器上都配置两种路由协议，由于两种协议会生成更多的进程实例来共享处理器、内存资源，并通过可达性信息进行交互，因而拓宽了交互面广度。虽然看起来没有显著提升复杂性，但是由于每台路由器都运行了两种协议，因而任意一种路由协议出现故障后，导致大范围崩溃的概率也大大增加了。

- 在网络中的某个位置（某台路由器上）执行两种路由协议之间的路由重分发操作，会增加该路由器的交互深度，因而在一定程度上增加了复杂性。

- 在网络中的每台路由器上都执行两种路由协议之间的路由重分发操作，会在整个交互广度上增加交互深度，意味着通过两种路由协议之间的交互面大大增加了复杂性。

路由协议之间的依赖（或交互）程度越高，就说明交互深度越深。路由协议之间的交互点数量越多，就说明交互广度越广。

图 2.9 给出了交互面的第三个基本概念：叠加交互（overlapping interaction）。

图 2.9 叠加交互

图 2.9 中的集合 A 表示两个相互叠加或交互的组件或系统，而集合 B 则表示三个相互叠加或交互的组件或系统。在单组接口中交互的组件或系统数越多，整个系统的复杂性就越高。仍然以网络工程为例，在数据包穿越网络的过程中，发送数据包的设备和处理数据包的设备之间通过接口完成多个组件（包括多个路由协议等）之间的交互，因而非常复杂。

- 如果数据包仅基于目的地址进行转发，那么转发路径上的每台路由器实际上仅通过非常浅的方式与发送主机及接收主机进行交互，因而交互的叠加程度很高，但交互深度很浅。交互广度取决于数据包从源端传送到目的端所经过的跳数。

- 如果设备的数据包检查功能需要保持多个数据包之间的状态关联，以此来处理回程流量，那么数据包格式的任何变化或网络路径的任何变化，都需要状态化数据包检测设备来审计数据包的状态，那么发送端、接收端以及控制面之间的交互深度就非常深了。但是如果网络中只有一个位置执行数据包检查功能，那么就只有该位置会出现发送端、接收端以及控制面之间的交互作用。

- 在网络中增加执行数据包检查功能的节点就意味着增加了系统交互的数量，从而增加了叠加交互的数量。

叠加交互的组件或系统越多，整个系统的复杂性就越高。

2.5 沙漏模型

对于现实世界来说，复杂性是提供底层健壮性的必需条件，就像第 1 章中的 Alderson 和 Doyle 所描述的那样。

具体而言，我们认为在高度组织化的系统中，复杂性的主要来源是希望创建健壮性设计策略，以应对环境和组件的不确定性。[1]

---

1 David L. Alderson and John C. Doyle, "Contrasting Views of Complexity and Their Implications for Network-Centric Infrastructures," IEEE Transactions on Systems, Man, and Cybernetics 40, no. 4 (July 2010): 840.

只是将管理复杂性的难题留给了工程师们。自然界普遍存在的一种简单模型，在工程界也被广泛模仿，虽然工程师们不是经常有意识地应用该模型，但事实上该模型始终无处不在，该模型就是沙漏模型（如图 2.10 所示）。

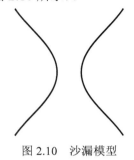

图 2.10   沙漏模型

以网络领域应用广泛的四层模型为例，图 2.11 将常见的网络协议四层模型与图 2.10 中的沙漏模型进行了对比。

最底层的物理传送系统拥有多种协议，包括以太网以及卫星等多种传送介质。最顶层负责整合信息并提交给应用程序，这里也包括大量协议，如 HTTP、TELNET 以及其他数以千计的应用程序。不过，将目光转移到协议栈的中间层之后，大家会发现一件很有趣的事情：中间层的协议数量大大减少了，在此处形成了一个沙漏。为什么这样做就能控制复杂性呢？我们可以从前面说过的三大复杂性组件（状态、速度以及交互面）来揭示沙漏模型与复杂性之间的关系。

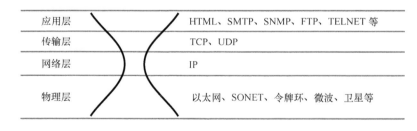

图 2.11   沙漏模型与四层网络协议模型对比

- 沙漏模型将状态划分成两种不同类型：与网络相关的类型；与网络所传数据相关的类型。上层协议关心的是通过一种合适的方式完成数据整合以及信息提交，而下层协议关心的则是发现存在何种连接以及该连接的属性。下层协议不需要知道如何构造 FTP 数据包，上层协议也不需要知道如何通过以太网承载数据包，因而沙漏模型减少了上层和下层的状态数量。

- 通过在层间隐藏信息来控制速度。同一信息的多份复本就像"加速器"一样（如震荡链路案例），而隐藏信息则类似于"减速器"或一组刹车。如果每一层仅处理与自己相关的信息，而不涉及它层信息，那么某个协议层出现新状态时，就不会对其他协议层造成影响，这样就降低了状态的变化速度。例如，FTP 客户端收到的数据中的错误不会导致 TCP 的状态发生变化，更不会影响以太网链路的状态。

- 将不同组件之间的交互点数量减少到一个（即 IP），就可以很好地控制交互面的广度。单一交互点可以利用标准进程来明确定义，通过严密监控就能预防导致协议栈抖动的大规模快速变化。

因此可以说，分层协议栈的网络模型是控制网络不同交互组件复杂性的最直接尝试。

七层模型已死

虽然七层模型在网络工程领域的传播范围及应用范围都非常广泛，但是随着时间的推移，七层模型的实用性越来越差。困扰七层模型的问题主要有两个。第一，人们倾向于在七层模型上叠加新的协议层。为了避免与多个中间件直接交互，七层模型仅与新协议层交互，这样一来，数据量更大了，但通道却变窄了。例如，目前服务提供商主要基于 IPv4 网络提供服务，但内容提供商却需要更加灵活、更加先进的网络技术。如何实现呢？主流实现方案是在 IPv4 骨干网的 UDP 上部署 VXLAN，实现广域网的大二层组网；VXLAN 既然是二层网络了，肯定要叠加以太网，这时就实现了广域以太网；然后在以太网上部署 IPv4 或 IPv6，再在 IPv6 上叠加 UDP 和 QUIC（Quick UDP Internet Connection，谷歌制定的一种基于 UDP 的低时延 Internet 传输层协议），这样一来内容提供商就可以在传统的 IPv4 网络上构建新型网络。但是这种协议构建方式很难用七层模型进行解释，七层模型说过以太网能运行在 VXLAN 二层隧道或者四层 UDP 上吗？多个七层模型叠加能够解释这种协议结构吗？MPLS（Multiprotocol Label Switching，多协议标签交换）是二层协议还是三层协议？MPLS 是隧道吗？如果有可能，那么利用七层模型来解答这些问题实在太难了。第二，为了避免七层模型与多个中间件进行深度交互，很多应用程序都使用对于绝大多数安全设备和/或服务公开的端口进行通信。例如，虽然在 Internet 中传送大量流量的很多应用程序都不是网站应用，但它们都在使用 HTTP 协议和 TCP 端口 80。

出现上述两个问题的原因有二。首先，七层协议过于详细地义了数据传输的问题领域，导致后续难以灵活修改和满足新需求。七层模型不但关注功能，而且还尝试指定数据交互的位置以及实现功能的位置（过于细化）。例如，第一层不仅是一组功能，而且还是实现物理链路的位置。第三层不仅是一组功能，而且还是理论上实现端到端通信的位置。其次，七层模型实际上是为一组特定的传输协议设计的（这些协议目前已很少使用），而现在的七层模型却被用来描述四层协议栈，即 TCP/IP 协议集。

那么网络工程师们是否应该简单地放弃网络模型呢？答案是不，一种好的方式是反思工程师们用来描述网络的一组模型。与其聚焦主机、网络设备以及以网络传输系统为中心的模型，更好的方式是将系统分解成多个模型。用一种模型描述传输系统，用另一种模型描述网络设备，用第三种模型描述主机与网络之间的交互关系，用第四种模型描述在网络中提供可达性信息的各种控制面。对于传输模型来说，更好的方式是聚焦提供各种服务所需的功能，并在各个位置采用迭代模式。按照这种方式定义模型之后，就能更清楚地描述不同情况下的具体问题，解决问题的方案也会更加高效。

有关网络模型的详细信息可参阅 Cisco Press 出版的 *The Art of Network Architecture* 一书的第 4 章。

2.6　优化

虽然本书主要使用状态、速度以及交互面等三个组件来描述复杂性问题，但工程师们仍然需要关注第四个组件：优化。很多时候，复杂性是优化的一种权衡决策，增加复杂性就提高了网络的优化程度，降低复杂性也就降低了网络的优化程度。为了说清楚复杂性与优化之间的关系，我们可以看一下网络发生变化时，在事件驱动型应对方案与定时器驱动型应对方案之间的选择决策（如图 2.12 所示）。

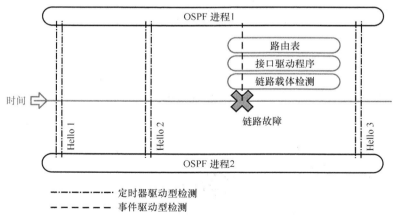

图 2.12　定时器以及事件驱动型检测

图 2.12 从左到右显示了一条时间轴。随着时间的推移，两个 OSPF 进程一直在周期性地交互 Hello 包，这是一种典型的定时器驱动型检测系统。如果两个 OSPF 进程之间的链路出现了故障，那么这两个进程都会发现丢失了三个 Hello 包，导致 OSPF 邻接关系中断，同

时将学自该中断邻居的路由从本地数据库和路由表中删除。图 2.12 还给出了事件驱动型检测系统的处理过程，包含了链路载波检测、接口驱动程序、路由表以及将故障事件传递到 OSPF 进程 1 中等一系列事件驱动型检测事件。

- 链路出现故障之后，物理接口的载波检测就会失效，此时物理接口就会将故障事件通告给接口驱动程序。

- 接口驱动程序收到通告信息之后，会通知路由子系统，路由子系统则在所有受影响的 RIB 中删除以失效链路为下一跳的所有路由。

- 删除了 RIB 中所有受影响的路由（包括直连路由）之后，路由信息子系统向 OSPF 进程 1 通告故障信息，导致 OSPF 进程 1 删除通过该接口建立的所有 OSPF 邻居关系，并从本地路由表中删除学自该邻居的所有链路状态数据库表项。

本例中的事件驱动型检测系统比定时器驱动型检测系统复杂得多，这是因为事件必须经过多个接口才能到达 OSPF 进程 1，而每个接口都是一个必须管理的交互面。事实上，这些交互面可能都比较深，因而 OSPF 进程需要根据链路类型、故障类型或底层协议提供的其他信息来决定做出何种反应。此外，事件驱动型检测系统提高了控制面中的状态变化速度，链路的每次抖动都会单独记录到该链路上运行的 OSPF 进程中，而且都会以拓扑结构更新消息的方式将抖动情况传播到整个控制面中。定时器驱动型检测系统则相对简单一些，OSPF 无须过多地了解发送 Hello 包的底层网络，而且邻接关系的状态变化具有固定间隔，因而可以抑制潜在的路由环路并降低控制面的状态变化速率（速度）。

因此，我们可以很清楚地看出本例的优化权衡决策了。事件驱动型检测进程可以更快地发现链路故障，使得控制面可以非常快速地应对故障事件（如绕开故障链路），从而降低了 MTTR（Mean Time to Repair，平均修复时间），提高了网络的总体可用性。从本例可以看出，更复杂的事件驱动型进程提高了网络的优化程度，而降低复杂性则降低了网络的优化程度。

虽然并不是说提高优化程度就一定要增加复杂性，或者降低复杂性就一定会降低优化程度，但绝大多数情况下确实如此。有关权衡取舍的话题将一直贯穿于本书的讨论之中。

2.7 最后的思考

状态、速度、交互面以及优化是复杂性的 4 个基本组件，如果能坚持围绕这些组件来分析和解决网络复杂性问题，那么就找到了一个有力的抓手。网络从来就没有真正收敛过，这已经成为常态，而不是例外，传统模型也正在分崩瓦解。如果工程师们可以在面对各种网络工程难题时学会识别和管理复杂性，那么沙漏模型将能够帮助大家有效地走出复杂性困境。

第3章

网络复杂性的测量

状态、速度、交互面以及优化是复杂性的 4 个基本组件，只有测量了这些组件并计算出描述和评价网络设计方案以及架构实现的复杂性数值才有意义。我们经常需要评价不同网络设计方案或网络设计方案的修改方案。评价内容包括性能是否有提高的可能性或复杂性的某个方面增加了但另一个方面却降低了，因此只要找到合适的方法来针对方案复杂性的每个组件并计算出具体数值即可。如果果真如此，那么就太简单了。

事实证明，网络复杂性的测量方式相当复杂。

为了掌握整个系统的复杂性，就必须对网络进行测量和量化，此时会出现两个问题。首先，系统可用信息的绝对量相当大。目前的大数据分析是处理海量信息的主流技术，能够处理几千到几百万条交互信息并挖掘出各种重要趋势和重要信息。那么用大数据分析技术来处理一般性网络，是不是小事一桩呢？假设测量的目的仅仅是掌握流经网络各节点的数据流之间的关系并处理流量的队列机制，那么就应该考虑一些关键要素，如：

- 流经各网络节点的数据量，包括每台转发设备的输入和输出队列；
- 网络中每台转发设备的每个队列的深度及状态；
- 通过网络进行转发的每个数据包的源地址、目的地址以及其他报头信息；
- 每台转发设备丢弃的数据包数量以及丢弃这些数据包的原因（如尾部丢弃、数据包差错、被过滤以及过滤规则等）。

考虑到测量流量本身也要流经网络，而且有可能比被测流量还要多，那么测量操作所带来的问题就非常明显了。既然测量所产生的流量与被测流量都要通过相同的通道进行承载，那么如何隔离两种流量呢？此外，每个控制面系统的状态、系统的众多组件（如每台转发设备的内存和处理器利用率）、控制面所维护的设备间的邻居关系状态，以及控制面产生的可达性信息宣告数据流等，都是无法回避的挑战。需要注意的是，系统间的交互作用会让测量系统变得更加复杂，这也是必须考虑的因素之一。系统间的交互作用产生的可能影响包括分发和应用策略对可达性信息产生的影响、相互依赖的控制面对可达性信息和系统资源产生的影响，以及上层控制面与底层控制面之间交互所产生的影响等。由于不仅要测量系统，而且还要测量系统之间的交互关系，因而网络复杂性的测量工作是一个非常复杂的问题。

测量系统以了解系统的复杂程度时，必须采取某种形式的采样操作。采样通常意味着必须丢弃某些信息，因而从这个角度来说，对采样进行测量得到的只是复杂性的一种抽象表示，而不是对复杂性本身的测量结果。

上述问题对复杂性的测量会产生重大影响。目前还无法完整地测量网络的复杂性，而且在测量网络复杂性的抽象表示（仅测量采样）上也没有达成任何共识。

以上只是第一个问题，接下来还有第二个问题。虽然第二个问题并不是很明显，但事实却是第二个问题使得网络复杂性的测量操作变得更难以解决。网络设计方案表示的是一种有序的（或者有意的、有组织的，这三个形容词可以互换）复杂性，而不是一种无序的复杂性，但数据分析技术擅长的却是无序数据的处理，因而对于有序复杂性来说则是一种截然不同的问题。

下面将首先研究网络复杂性的测量方法，然后再分析有序复杂性和无序复杂性问题，最后再讨论一些实用的复杂性领域。

3.1　网络复杂性的测量方式

虽然网络复杂性的测量工作困难重重，但是并没有让研究人员望而却步，恰恰相反，多年来人们一直在尝试各种测量方法，每种方法都为复杂性测量工作贡献了很多有意义的思路，而且也从事实上帮助我们在一定程度上理解了网络复杂性。不过就总体而言，目前还没有一种方法能够真正提供网络复杂性的完整视图。

下面将通过 3 种网络复杂性测量机制来加强大家的感性认识。

3.1.1　网络复杂性指数

Bailey 和 Grossman 在 "A Network Complexity Index for Networks of Networks（由网络构成的网络的网络复杂性指数）"[1]中描述了 NCI（Network Complexity Index，网络复杂性

---

1 Stewart Bailey and Robert L. Grossman, "A Network Complexity Index for Networks of Networks" (Infoblox, 2013), https://web.archive.org/web/20131001093751/ http://flowforwarding.org/docs/Bailey%20-%20Grossman%20article%20on%20network%20complexity.pdf .

指数），总的想法是通过以下两个步骤来描述网络的复杂性。

- 把网络划分成子网（团体）。原文如下。

给定网络 N，首先将该网络划分成较小的子网（团体）C[1], ..., C[j], ..., C[p]，使其满足：从子网（团体）C[i]中随机选出的两个节点比从子网以外随机选出的两个节点更可能存在互联关系（N\C）。

- 基于子网（团体）的大小和数量计算复杂性。原文如下。

给定网络 N 的子团体，X[j]表示第 j 个最大子团体的规模，那么 X[1], ..., X[p]就是一个降序序列，不同团体的规模可以相同。对于网络 N 来说，网络复杂性指数 B(N)的计算方式为 B(N)=Max j,X[j]≥j

该公式是一个标准的统计学公式，称为 H 指数，用于评价科学研究成果的重要性。网页的重要性或可靠性可以通过引用次数来评价。H 指数的原理与评价网页的原理类似，科研人员的 H 指数指的是至多有 H 篇论文被分别引用了至少 H 次，H 指数越高，表明其论文的影响力越大。

可以看出，NCI 试图将网络中的连接与网络中的节点数量关联起来：

- 子团体的数量越多，这些子团体之间的连接点就越多，所形成的连接图也就越复杂；
- 子团体的规模越大，网络中的节点数量也就越多，进而对网络连接图产生一定程度的隐式影响。

反过来，连接图的大小和范围还会影响信息在网络中的传输路径，这也与网络复杂性有关。

1．NCI 能做什么

NCI 是一个很好的数值，可以基于节点和团体概念来描述网络规模及网络形态，可以体现网络的规模及复杂性。NCI 的数值会随着时间的推移而更新，可以帮助网管人员和设计人员更好地理解网络的增长情况（而不是单纯地看规模）。

2．NCI 不能做什么

从网络工程师的角度来看，如果只用 NCI 来衡量网络复杂性，那么就会产生很多实际问题。首先，NCI 的计算过程比较复杂，不是在晚餐过程中随便找张餐巾纸或者在脑海中简单想想就能算完[1]。NCI 的计算是一个非常繁琐的计算过程，需要使用自动化工具。其次，除了能够测量拓扑结构的增长以及互连情况之外，目前还很难在现实世界中的其他地方看

---

[1]目前已经建立了名为 Tapestry 的项目，可以自动收集配置并利用处理器来计算 NCI。有关该项目的详细信息可以查阅 GitHub (https://github.com/FlowForwarding/tapestry)。

到 NCI 及其发挥的作用。除了减少网络中的子团体数量以及规模之外，还没有任何明显的方法可以显著降低由 NCI 所度量的网络复杂性。

NCI 还有一个缺点：NCI 测量的网络复杂性并不是网络运营商真正面对的网络复杂性。有时网络很复杂，但操作起来很简单，有时则恰恰相反。对于现实世界来说，如果大型网络仅承载了少量负荷，而且这些负荷经过了良好优化，那么网络工程师们并不认为这样的网络很复杂。还有一种情况也很常见，即网络的规模虽然不大，但承载的负荷非常分散，很难对其中的单一负荷进行优化。这类网络的复杂性就比实际规模展现出来的复杂性高得多，而 NCI 则往往会低估这类网络的复杂性。

那么 NCI 究竟遗漏了哪些重要信息呢？其实，NCI 遗漏的都是网络架构师们经常需要处理的网络细节，如：

- 策略——可以表现为配置、度量、协议或其他方式；
- 弹性——可以表现为冗余数量、快速收敛机制或其他非常复杂的设计组件。

因此，尽管 NCI 很有用，但即便是面对现实世界中的单一网络，NCI 也无法抓住所有的复杂性。

3.1.2　设计复杂性模型

一组研究人员在给 IRTF（Internet Research Task Force，Internet 研究任务组）网络复杂性研究组提交的材料中，提出了一种可以测量和描述企业路由设计方案复杂性的模型[1]，测量步骤如下。

1. 将网络设计方案分解成多个独立组件，这些独立组件均由独立的配置组件实现（每台网络设备都要这么做）。
2. 在这些独立组件之间建立关联网络。
3. 测量该网络以确定配置的复杂性。

图 3.1 就取自上述材料[2]，从中可以看出多个配置组件之间的关联关系。

配置项越多，配置之间（特别是方框之间）的关联关系就越密集，得到的设计复杂性也就越高。分析了这些要素之后，该测量方法就可以得出一个描述设计方案复杂性的数值。

---

1 Xin Sun, Sanjay G. Rao, and G.Xie Geoffrey, "Modeling Complexity of Enterprise Routing Design" (IRTF NCRG, November 5, 2012), http://www.ietf.org/proceedings/85/slides/slides-85-ncrg-0.pdf .

2 同上。

提出该测量方法的作者还进一步扩展了该概念，只要以符合该方法的方式确定设计意图，那么就可以用这个概念来确认实际部署的设计方案与设计意图是否相符。

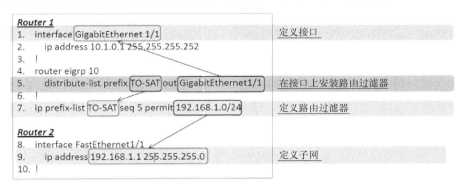

图 3.1　评估网络配置之间的关联关系

1. 设计复杂性模型能做什么

设计复杂性模型的测量理念很强大，不仅测量每行配置，而且还测量配置行之间的关系。毫无疑问，即使网络只需要部署非常少的新配置（如部署一条策略或者运行一个协议或进程），但是与该少量新配置相关的大量复杂性问题也会蔓延到整个网络。由于不同的设备描述策略的方式不尽相同，有的设备可能只需寥寥几行配置就能描述策略，有的设备则需要大量配置才能实现，这种情况就导致了配置行数可能比测量复杂性所需的关联数量还要多。因而在查看策略相互关系或者网络配置时，实际工作量要远大于复杂性的测量值。

2. 设计复杂性模型不能做什么

同样，如果设计复杂性模型需要检查每行配置之间的关联关系或者统计配置的行数，那么不同设备实现策略的配置差别可能会严重影响设计复杂性模型的计算结果。因为有些设备可能只用一行配置就能部署一条完整策略，而有些设备则可能需要很多行配置才能完成相同策略。例如，Cisco IOS Software 中的一条 **remove-private-as** 命令就能删除 BGP 路由宣告消息中的所有私有 AS 号。如果不用该命令，那么就需要多个策略进行相互配合，如配置一个过滤器并将该过滤器用于一组 BGP 对等体。虽然这两种方式都能完成相同的操作，但是从前面所说的设计复杂性模型来看，通过一条 **remove-private-as** 命令与通过多个策略实现相同功能的复杂性完全不在同一个水平上。这样一来，形势就变得更加复杂了，不同的 BGP 实现可能会使用不同的命令集来完成相同操作，虽然它们实现的策略都相同，但某些配置比其他配置看起来更加复杂。

另一种可能会导致上述测量方法失效的场景就是并非始终能够明确策略是由哪些配置

组件构成的。例如，对于删除某个 AS 中所有 eBGP 路由器的私有 AS 号的配置来说，这些配置命令看起来可能与测量复杂性毫无关系，除非能够深谙这些配置的含义，否则难以发现这些配置在哪些地方出现了交叠，或者通过某种显而易见的方式进行交互。对于这些没有显而易见地在某处形成关联关系的配置来说，就很容易被设计复杂性模型所忽略。

最后，这种复杂性测量方法很难评估一条用来部署多个策略的配置命令，而且从复杂性的角度来看，这也是最难管理的问题之一。因为这是在不相关的策略之间存在交互面，因而管理这种交互面非常困难。此外，对于测量过程中多种策略之间的交互方式问题，设计复杂性模型也没有考虑。

3.1.3 NetComplex

如前所述，NCI 基于网络规模和可感知的子组件来测量复杂性，而设计复杂性模型则基于配置行之间的相互关系来测量复杂性。既然网络上所有设备都要参与控制面计算，以确保能够同步分布式数据库的信息以真实反映网络拓扑，那么能否基于同步分布式数据库的工作量来测量复杂性呢？这就是 NetComplex 的出发点，Chun、Ratnasamy 以及 Kohler 给出了相关描述：

> 网络系统是分布式系统，系统中的数据需要确保同步才能正确体现系统的状态。分布式系统的各个节点之间存在依赖关系。我们推测当确保数据同步的需求增加时，复杂性也随之增加。我们在文中提出的度量值就表达了这个观点，并且通过图形解释了多个系统之间的依赖关系，这种以依赖关系为中心的方法看起来应该能够反映系统的复杂性[1]。

NetComplex 需要评估网络中的关联关系状态链，并为每个关联关系都分配一个度量值，然后再根据这些度量值计算复杂性数值。NetComplex 中的关联关系与复杂性概念如图 3.2 所示。

- 路由器 C 和路由器 D 依赖于路由器 E 来获得路由器 E 之外的正确网络视图。
- 路由器 B 依赖于路由器 C、D 和 E 来获得路由器 E 之外的正确网络视图。
- 路由器 A 依赖于路由器 B、C、D 和 E 来获得路由器 E 之外的正确网络视图。

因此，路由器 A 为了获得路由器 E 之外的整个网络视图，就"累积"了同步相关信息所产生的复杂性。路由器 A 通过这些关联关系与网络中的其他路由器建立连接关系。因此，

---

1 Byung-Gon Chun, Sylvia Ratnasamy 和 Eddie Kohler 在 2008 年 4 月召开的第五届关于 NSDI[Networked Systems Design and Implementation，网络系统设计与实现]的 Usenix 研讨会上发表的文章"NetComplex: A Complexity Metric for Networked System Designs"，http://berkeley.intel-research.net/sylvia/netcomp.pdf。

只要检查这些链路并与本地状态进行关联，就可以通过单一度量值来表示保持整个控制面信息同步所产生的复杂性。

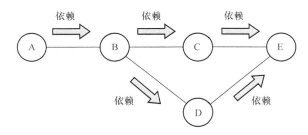

图 3.2　NetComplex 中的关联关系与复杂性

1．NetComplex 能做什么

NetComplex 通过聚焦状态的数量以及通过网络携带状态的方式来描述控制面的复杂性，因而 NetComplex 在确定通过网络携带源路由信息并根据这些源路由信息进行转发时所产生的额外复杂性时非常有用。如果要按照每个流（而不是每个目的端/虚拟拓扑结构）来转发流量，那么就要为这些额外的状态信息设置度量值，此时 NetComplex 也非常有用。

2．NetComplex 不能做什么

由于 NetComplex 仅聚焦单个管理域或故障域中的控制面，因而无法考虑因路由聚合而隐藏的相关信息，也无法区分拓扑结构信息与可达性信息（如链路状态泛洪域边界处的差异）。此外，NetComplex 无法处理策略以及策略部署，而且也无法处理流量流、子网规模或网络密度。

3.2　有组织复杂性

前面已经解释了包括 NCI、设计复杂度模型以及 NetComplex 在内的三种网络复杂性测量方式。这些测量方式都是试图测量网络复杂性的 4 个基本组件（状态、速度、交互面以及优化）中的部分组件。但是为什么都无法测量这三个域中的所有要素，而且也没有任何一种方法能够测量整个网络的复杂性呢？原因不仅仅在于测量和处理生成单一复杂性数值所需信息的能力，而且还在于网络复杂性本身。

以附带台球的台球桌为例。假设这些台球的弹性都非常完美（至少接近完美），台球之间的相互碰撞只会损失极少数能量，台球桌边缘的缓冲杠也采取了同样的设计方式，而且台球桌上没有安装网袋，因而台球不会离开台球桌。现在以随机方式将台球放到台球桌上，然后再击打其中的一只台球，从而产生链式碰撞反应，其结果在统计学上将是一组随机的

移动反应。每只台球都在台球桌上滚来滚去，击中其他台球或者撞上缓冲杠（保存了绝大多数能量），然后再以直线方式沿某个方向滚动。

这种情况适用于统计回归分析或者数据科学的其他分析形式。数据科学家们可以根据一组公式来说明每只台球与其他台球之间的碰撞频率、系统将在多长时间后耗尽所有能量，以及在什么时间这些随机滚动的台球将形成何种模型等信息。数据科学家们的特长就是从看似毫无规律可言的数据中发现模型。为了得到准确的预测结果，通常需要大量的数据集。拥有的数据集越多，预测的统计特性就越精准，对未来时间点的数据状态预测结果也就越准确。

接下来对上述场景做少量调整。仍然使用相同的台球桌和相同的台球，所有的物理条件均相同，区别在于此时有人规划了每只台球的摆放位置和滚动方向，使得任意两只台球之间都不会产生碰撞（即使它们均处于滚动状态）。事实上，在台球处于滚动状态的整个时间段内，每只台球的滚动情况都相同。

那么此时的数据科学能发现什么模型吗？完全不能！

经过简单观察即可发现每只台球在任意时刻所处的位置，甚至还可能通过简单观察得出某种公式，预测出这些台球将会聚在台球桌的什么位置（或者大致不差）。此时的统计分析无法得出更多的有用信息。有趣的是，统计分析无法告诉我们这些台球的排列规律是什么。

这就是有组织复杂性（organized complexity）问题。正如 Warren Weaver 在 1948 年所述：

这种新的处理无组织复杂性的方法，比起以前的双变量方法有了很大的进步，留下了一块从未涉及的庞大领域。一种倾向是过度简化，将科学方法从一个极端带到了另一个极端（变量数量从两个扩展到一个天文数字），而且留下了大片从未涉及的中段区域。这个中段区域的重要性并不主要取决于变量的数量是两个还是很多以至于非常多。事实上，中段区域的问题通常都包含大量变量，而且中段区域真正重要的特性就在于这些问题（但科学理论却迟迟未能探索或征服）。与统计学可以处理的无组织状态相比，这种方法体现了有组织复杂性的本质特征。事实上，人们完全可以将这类问题视为有组织复杂性问题[1]。

这种有组织复杂性精确描述了工程师们在面对计算机网络时看到的复杂性问题。无论从哪个角度来研究计算机网络问题，这些问题都非常复杂，而且呈现出有组织的特性。

- 设计协议时需要设定一组特定目标以及解决问题的特定方式，需要在当前的最佳用途、未来的灵活性、保障性以及易于实现性等方面做出权衡。

- 设计在网络上运行的应用程序时要设定一组特定目标。

1Warren Weaver, "Science and Complexity," American Scientist 36 (1948): 539.

- 设计提供元数据以保证计算机网络能够正常工作的控制面时要设定一组特定目标。

- 设计在网络中（每个网络层级）承载信息的协议时要设定一组特定目标。

无论考虑计算机网络中的哪个系统（从协议到设计到应用程序到元数据），都要为其设计一组特定目标、解决问题的特定方式以及一组权衡值。虽然其中的有些内容可能是隐含（而非明确）的，但它们都是我们刻意要实现的目标。

网络不仅仅是一个表现出有组织复杂性的单一系统，而是大量存在相互关联关系的系统的组合。每个系统都有自己的有组织复杂性，组合在一起就表现出一组目标（可能是一组暂时目标，如"扩大生产"，但仍然是一组目标）。

哲学视角

在哲学领域，有人认为并不存在有组织的复杂性。看似有组织的复杂性仅仅是物理系统的复杂性达到一定程度时的涌现（emergence）结果。组织性在某种程度上只是自然秩序中的"天生产物"，或者是物质形成和作用时的方式。该学派认为，所有行为都可以追溯到某种物理原因（例如，人类实际上并没有做出实际表现出来的那么多决定）。无论读者在这个问题上持有什么立场（有关哲学问题的讨论已经超出了本书写作范围），从网络体系架构的角度来看，实际结果都是"没关系"。人们设计网络的目的是解决一组特定问题。无论设计方案的"背后"有什么目的，我们都必须理解计算机网络及其设计方式，必须理解"为什么"，理解为什么采取这种设计方式以及为什么做出这种权衡决策。

从传统意义上来说，网络复杂性难以进行简单地测量、计算和"解决"。即使网络中的一切均能测量，而且通过测量收集到的所有信息都能进行一定意义上的处理，因为这样做仍然无法充分表达计算机网络复杂性的方方面面，本质上是因为没有办法测量或表达计算机网络的意图。

3.3 这是在浪费时间吗

这里想表达的意思是必须满怀谦逊之心来解决这个问题。工程师们必须仔细了解网络设计中每个部分的权衡决策，而且需要记住，精确预测任何特定设计决策的结果都是有限度的。

网络工程师们不应该轻言"放弃"，而应该竭尽所能地去理解复杂性、控制复杂性、降低复杂性，并做出明智的权衡决策。世上没有也不会有解决复杂性问题的灵丹妙药。如第1章所述，只能从三个目标中选择两个，而且从这三个目标的关系曲线图中可以看出，某个轴方向上的复杂度提升（为了解决某个特定问题），必然会导致另一个轴方向出现问题。

除非相信能够彻底解决复杂性问题，否则测量和管理复杂性就不是浪费时间，因为复杂性"问题"是无法"解决"的。

3.4   最后的思考

到目前为止，有关复杂性的讨论结果如下：

- 复杂性对于解决难题（特别是健壮性设计领域）来说是必需的；
- 复杂性超出一定水平之后就会出现易碎性——健壮且脆弱；
- 很难（或者不可能）在系统层面以任何有意义的方式衡量复杂性；
- 对于大量问题来说，都不可能解决三个目标（如快速、廉价和高品质）中的两个以上的目标。

从上述角度来看，似乎已经走到了道路的尽头。网络工程师们依赖的是一些无法有效度量的东西，而度量却又是控制和管理问题的第一步。总而言之，不可能通过单个数字或公式来描述网络的复杂性。我们是否应该简单地戴上海盗帽并强硬地宣布"所有进入此处的人都得放弃希望"？或者还有什么办法能够找到出路？

事实上，确实有合理的方法解决现实世界中的复杂性问题。我们并不是要找到一个绝对的"复杂性度量"或者能够彻底"解决"复杂性的算法，而是希望找到一个启发式方法或者查看问题的方法，从而找到通向解决方案之路。这里所说的启发式方法实际上包括两个方面。

首先要揭示网络设计过程中做出的复杂性权衡决策。揭示这些权衡决策有助于网络工程师们在选择面向特定问题的特定解决方案时，对获得的目标和丢弃的目标做出明智选择。不过，不可能完全均衡地解决所有问题，针对任何目标的解决方案都会增加其他目标的复杂性。

换言之，网络工程师们必须学会策划复杂性。

后续章节将详细讨论操作领域、设计领域及协议领域的复杂性问题，并在每个领域中讨论设计人员必须做出的权衡决策，以解释揭示复杂性的过程。在设计和管理网络时，工程师们做出的决策越复杂，就越有可能满足现实世界中的网络需求。

第4章

操作复杂性

本章将从两个阶段来讨论操作复杂性问题。第一阶段分析操作复杂性的问题范围，第二阶段讨论各种解决方案，包括解决操作复杂性的方式以及相应的权衡决策。虽然这些内容并没有穷尽所有，但是却提供了解决操作复杂性的方法，以及通过各种可用解决方案进行思考的案例。

4.1 问题范围

本节讨论的两个话题都比较大，在每个话题中都将讨论两个非常具体的复杂性用例或领域。第一个话题是人与作为系统的网络进行交互时的成本。人与网络之间的交互已经超越了简单的用户界面。工程师们已经通过一系列思维模型、协议操作、商业和策略理念以及其他领域的研究来理解网络。而策略更是第二个话题的核心，这是一个在网络设计、策略分发以及实现最优流量流时很少考虑的领域。

这里给出的案例并不是对问题范围内各种问题的"最佳"描述，而是希望描述一组能够充分说明该问题范围的最小用例集。

4.1.1 人与系统之间的交互成本

人们通过很多不同的工作流程（包括设计、部署、管理以及排障流程）与网络进行交互。虽然每个工作流程都是为了在网络上部署新服务或新应用，但它们都必须通过与遍布网络各处的大量设备进行交互才能来完成。我们可以从中推断出一些关键原则。

1. 人们为了执行特定操作而需要接触的设备数量与该网络的操作复杂性有关。

2．可以将操作复杂性直接转化为 OPEX（Operational Expenditure，运营成本）。

3．降低操作复杂性可以创建更简洁、更有效、ROI（投资回报率，Return on Investment）更高的网络。

4．影响操作复杂性的设备数量包括直接访问的设备以及被引用的设备（如策略定义案例所述）。

为了更好地理解导致交互次数增多的操作复杂性的根本原因，有必要分析一些典型案例。

1．在网络中应用策略

第一个案例是网络操作人员要在网络中的所有边缘设备上部署策略。理解这个问题的最简单方式就是操作人员必须访问网络边缘的所有设备。如果按照这种方式手工部署新策略，那么（至少）存在以下 4 个问题。

- 采取手工方式部署新策略，操作人员需要访问网络中的所有边缘设备（数量可能达到数千台）。这是一件可能需要花费数千小时才能完成的网络工程。工程师们完全可以利用这些时间去思考更有成效的事情，如下一轮新设备或新设计的部署任务。

- 在部署新策略的过程中，需求可能会发生变化（导致策略也发生相应的变化）。虽然并不总是如此，但是对于部署多个新策略（或其他网络变更）的现实网络来说，经常会被各种紧急补救措施所打断，导致始终无法完成这些新策略，使得整个网络到处充斥着看似随机部署的各种杂乱无章的策略。

- 即使经过一段时间的努力完成了新策略部署任务，但是网络在整个部署期间始终处于不一致状态，导致故障排查非常困难，从而产生策略冲突问题，给网络造成严重损害（如泄露客户机密信息）或出现大量非期望的负面效应。

- 人们在长时间配置大量设备时很容易出错。由于网络设备配置差错而导致的两次网络中断间隔称为 MTBM（Mean Time Between Mistakes，平均故障时间）。与 MTBF 和 MTTR 一样，虽然也能跟踪和管理 MTBM，但长时间手工配置大量设备不可避免地会出现配置差错。

大规模手工操作的复杂性

在大型网络中应用策略或其他新配置的任务量可能会让人望而却步。例如，某大型企业多年来一直希望将本地的园区网络从一种路由协议（IGRP）转换成另一种路由协议（EIGRP）。不过该园区网络非常密集，虽然只有 100 多台路由器，但是连接这些路由器的低速链路却高达 1000 余条。某些链路是传统电路（如 T1）或帧中继，某些链路则是交换式令牌环网段，甚至还存在一些短期运行的以太网段。

由于 IGRP 和 EIGRP 不再像以前那样广为人知，因而需要说明的是，如果以相同的 AS 号在路由器上配置 EIGRP 和 IGRP 进程，那么这两个进程就会进行自动相互重分发，在协议之间转换度量及其他信息，从而使得被重分发路由看起来很像内部学到的路由。因而网络工程团队在初次尝试转换这两种路由协议的时候都会利用该功能特性，以同一个 AS 为多台路由器配置 EIGRP 和 IGRP。

假设在此期间网络出现了崩溃。在网络工程团队恢复网络故障期间，网络将一直处于未部署完成状态，致使部分网络同时运行了相同 AS 的 EIGRP 和 IGRP。网络工程团队决定采取其他协议转换方式，以不同的 AS 在其他路由器上配置 EIGRP 和 IGRP，然后再在两者之间进行手工重分发。

假设在此期间（第二次转换尝试）网络又崩溃了。在网络工程团队恢复网络故障期间，网络仍然处于未部署完成状态。此时所有路由器均以相同 AS 运行 IGRP，某些路由器则在 IGRP 之上配置了不同的 EIGRP AS，还有一些路由器则以相同的 AS 配置了 EIGRP。在最后尝试转换路由协议的时候，网络工程团队删除了一组路由器上的 IGRP，并在预先规划好的短时中断期间用一个完全不同的 AS 配置 EIGRP，然后再在 EIGRP 与 IGRP 边界为这两种协议配置重分发机制，以便在协议转换过程中维护网络的可达性。

不幸的是，网络又出现了问题，控制面根本就没有收敛。出现这种情形是非常可怕的，此时的网络存在 4 种情形：一部分运行 IGRP；一部分以相同的 AS 运行 IGRP 和 EIGRP（通过同样的链路为同样的目的端进行路由）；一部分以不同的 AS 运行 IGRP 和 EIGRP；最后一部分则以不同的 AS 运行 EIGRP 且配置了重分发机制。为了进一步增加混乱程度（现在看起来似乎还不够混乱），假设原有网络方案部署的是多个 IGRP AS（而不是单个 IGRP AS），而且相互之间进行重分发，最终结果就是让网络中的每台路由器的配置都各不相同。具有讽刺意味的是，出现这种状况的原因竟然是试图在网络中部署一种新的、统一的路由协议。

那么该如何解决这种混乱状况呢？通过 Telnet 方式逐跳登录网络中的每台路由器，由大量网络工程师删除网络中每台路由器上的所有路由进程。删除所有动态路由协议之后，再次以 Telnet 方式逐跳重建网络，在整个网络中以同一个 AS 配置 EIGRP。

从这个案例可以看出，采取手工方式进行大规模网络部署操作是极其困难的。如果部署操作出现了问题，导致网络出现了故障，那么将不得不采取紧急补救措施。由于网络是企业收入的保障，因而必须让网络保持稳定以满足各种关键应用的再次正常运行。这样一来，路由协议转换操作可能就不得不放弃几天（甚至可能变成几个月或几年），最终结果往往是部署失败，导致网络难以管理、无法排障，有时唯一的解决办法只能是"从头再来"。

2. 排查网络故障

第二个案例就是排查网络故障。网络故障直接影响了网络可用性的度量指标 MTTR。一般说来，大型系统的排障操作是一门艺术，因为它是一项工作技能，包含多个阶段或领域。

- **故障识别**：通常包含某种形式的半分法，将期望（或理想）状态与实际状态进行比较。故障识别阶段通常要耗用一半以上的排障时间（不知道用锤子敲打什么，需要知道敲打什么地方）。

- **故障修复**：通常需要更换或重新配置设备。很多时候故障修复操作提供的只是一种临时解决方案，而不是永久解决方案。需要注意的是，虽然部署了临时解决方案，但网络仍然面临着前述策略部署场景下的各种问题。如果采取了临时补救措施，那么就无法替换或验证这些临时措施，导致网络构建在"一层又一层的修复措施"之上或者产生技术债务问题，为网络的后续发展埋下大量隐患。

- **故障根源分析**：通常包括深入分析故障现象、提出临时解决方案，以及进一步收集更多网络信息。故障根源分析需要找出导致网络出现故障的变更时间，以及变更管理进程未能发现错误的原因。故障根源分析的目的是验证临时解决方案的正确性，或者考虑用更长远的解决方案来代替临时解决方案，并尽力确保将来不会再次出现该故障。

> **敲打何处：工程师与锤子的故事**
>
> 如果读者不知道第一条所讲的工程师与锤子的故事，那么就在这里解释一下：曾经有位工程师在一台机器上持续工作了 20 年时间，然后退休了。在没有这位工程师的情况下，机器依然无故障地运行了一段时间，后来有一天出现了故障，没人能够诊断或修复该故障。虽然公司聘请了很多顶级专家，但都无功而返，最后不得不聘请这名退休工程师作为顾问。该工程师到达现场之后，仔细聆听了机器运转时的噪声，拿起锤子敲了一下，噪声消失了，机器立即开始了正常运转！几天之后，公司收到了一张 10000 美元的账单。财务部门对此提出异议，给这位工程师发了一封电子邮件，质询为何拿锤子敲了一下就值这么多钱。这名退休工程师随后寄回了一张新账单，上面列出了收费明细："1 美元：用锤子敲机器；9999 美元：知道用锤子敲打机器的什么地方。"

在处理与复杂性相关的网络故障时，应该关注以下要点。

- 操作人员为了排查故障而必须接触的设备数量，这一点在范围与概念上与操作人员为了部署策略而必须接触的设备数量相似。

- 可以在网络中进行测量的位置数量以及执行测量操作的难度。

- 可用于定义网络正常状态（从而回答"网络出现了什么变化"）的信息量。

下面将举例说明上述要点。假设有一个扁平化的 IP 网络，源节点失去了与目的节点之间的网络连接。假设源端和目的端之间存在一些网络设备，工程师在解决这个问题的时候可能会访问每台设备（如从默认网关开始，沿流量传播路径的方向逐跳访问每台设备），并运行一些命令以了解各个节点的状态信息，从而确定路径上造成网络故障的节点。随着网络规模的不断扩大以及复杂性的不断增加，经由网络的路径跟踪操作将变得越来越困难，而且实时访问如此大量的设备也变得几乎毫无可能（因为网络正处于故障状态）。如果网络规模超出了单个管理域，那么由于访问受限，沿路径方向收集每台设备的信息也将无法实现。网络规模越大、越复杂，采用手工方式进行排障的难度也就越大。

4.1.2 策略分发与最优流量处理

虽然网络设计人员并不经常考虑控制面的复杂性与最佳利用率之间的关系，但通过策略分发概念完全可以将两者关联起来，策略分发就是人与网络交互时的一种成本（如上节所述，就是为部署特定策略而需要配置的设备数量）。下面将通过具体案例来解释这个问题（如图 4.1 所示）。

假设需要对入站流量应用以下三组策略。

- 对源自主机 A 的大文件传输进行分类的服务质量策略，将这些流放到路径上的低优先级队列中。

- 对源自主机 B 的较小文件传输进行分类的服务质量策略，将这些流放到路径上的中优先级队列中。

- 对源自所有主机（连接网络边缘设备）的语音流量进行分类的服务质量策略，将这些流放到路径上的高优先级队列中。

这里关心的不是如何部署这些策略，而是在何处部署这些策略，以及部署这些策略所要做出的权衡决策。可以在网络中的以下三处位置部署这些策略。

- 部署这些策略的最自然的位置就是网络边缘（如图中所示的路由器 C 和 D），以及层次化网络架构中处于相同层级的其他设备。该方案的优点是可以在边缘设备与路由器 E、F、G 和 H（以及网络其他部分）之间强制执行策略，因而可以在整个路径上实现流量的最佳处理。该方案的缺点是边缘路由器的配置因为要部署额外策略而变得越来越复杂，而且（潜在的）边缘设备的数量非常多（虽然本例只有 10 台，但大型网络的边缘设备数量可能会达到数千台），此时就要在必须配置策略的设备数量与全网所有边缘设备的配置一致性之间做出权衡。当然，这并不能解决复杂性问题，只是将复杂性从一个位置转移到了另一个位置。

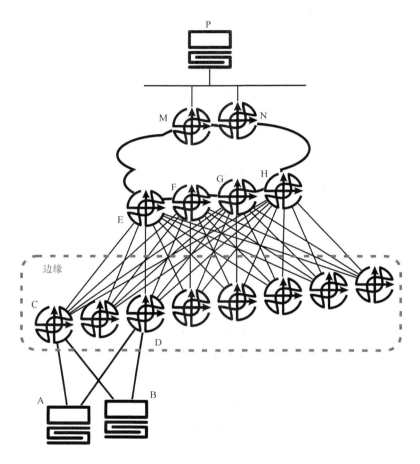

图 4.1　策略分发与最优网络利用率

- 第一种选项就是在路由器 E、F、G 和 H 上部署这些策略。此时需要同步这些策略的路由器数量大大减少，但主机生成的流量流将无法最佳利用边缘路由器与这 4 台路由器之间的链路。该方案的权衡点在于只需要在 4 台路由器上部署和维护策略，因而策略部署与策略同步较为容易。

- 第二种选项是在路由器 M 和 N 上部署这些策略，主要控制流经以太网链路（将目的端主机连接到网络上）的流量。该方案增加了每条路径的次优使用长度，但同时也减少了需要配置和管理这些策略的设备数量。

对于本例来说，答案看起来似乎很简单：应该在网络边缘配置策略。但是对于拥有大量边缘设备的大型网络来说，决策过程将复杂得多。

如果拥有数千台边缘设备，而且每台边缘设备配置的策略都相同，那么为了确保应用和配置的一致性以及全网利用率的最佳性，必须同步多少台设备的配置？出错的代价是什么？如果每台边缘设备仅配置自己所需的策略，那么维护数千个不同配置的成本是多少？出错的代价又是什么？

需要在哪些网络区域强制实现最佳流量流？为什么？对于上面这个小规模网络（人为假设的网络）案例来说，确实需要在边缘路由器与路由器 E、F、G 和 H 之间实施策略控制吗？如果将第一层网络的服务质量问题简单地交给带宽，那么只要在少量设备上部署相关策略即可，这样做的效率是不是更高呢？

这些问题并不像看起来那么容易回答，要想知道原因，就必须求助于前面讨论过的在网络设计过程中管理操作复杂性的相关机制。

4.2 解决管理复杂性问题

作为一名有经验的网络工程师（需要时间的积累），一定会想到应该让这些繁杂的工作"自动化"。事实上，人与网络的交互以及在网络中分发策略等问题都可以通过自动化管理工具来完成，而且在很多情况下都是一种更好的选择。不过，网络设计与网络工程领域存在一种传统倾向，那就是将复杂性扔给网络操作，这就意味着"需要由网管系统来管理复杂性问题"。这种将复杂性从网络设计或协议侧转移到网管系统侧的方式，并没有真正降低复杂性，只是将复杂性隐藏在某些领域之外而已。

如果网络工程师和设计人员在试图降低复杂性的时候仅仅考虑局部网络，而没有采取系统化的架构方法（此时模块间的复杂性转移倾向非常明显），那么这种倾向带来的后果将愈发严重。此时唯有查看整个系统，才能发现消除局部区域复杂性给网络带来的全面影响。

下面将通过三种管理操作复杂性的不同机制来加以详细说明。由于自动化是所有大型网络的首选工具，因而将首先分析自动化机制，然后再讨论模块化机制，最后再讨论通过增加协议复杂性的方式来降低管理复杂性的机制。

4.2.1   管理复杂性的解决方案：自动化

上节在讨论策略部署方案时曾经说过，可以采取以下两种部署选项。

- 在更靠近网络边缘的更多设备上部署策略，从而更有效地利用可用带宽，但代价是需要管理更多设备的策略。

- 在更靠近网络核心的设备上部署策略，虽然能够减少必须管理策略的设备数量，但代价是（可能）会降低可用带宽的利用率。

因而需要在管理复杂性与最佳网络利用率之间权衡可用解决方案（这一点在网络设计决策时尤为普遍）。而自动化机制似乎可以为这种情形提供"第三条道路"，可以在无人工干预的情况下在边缘设备上部署策略，从而解决了复杂性权衡问题。但自动化机制并非如此简单，世上本就不存在解决复杂性问题的灵丹妙药。下面将详细讨论自动化解决方案所面临的权衡决策问题。

1．脆弱性问题

自动化系统将人"从交互操作中解放出来"，不但能够在管理进程中提供一致性，而且还能发现管理进程中出现的各种问题。但这种不需要人工参与的操作方式可能会产生所谓的僵化问题（"僵化"一词的原意是表示物体逐渐石化的过程），最终结果就是得到一个坚硬且易碎（第 1 章使用的词语是健壮且脆弱）的物体。

由于自动化进程无法针对每种可能的故障模式或情况做出响应（因为设计这些自动化系统的设计人员不可能想象出所有可能的故障模式或情况），因而自动化机制存在不可避免的脆弱性问题。虽然自动化系统的脆弱性可以通过定期的人工监管和更优化的设计方案加以弥补，但带来的问题是必须管理这种交互过程，其结果就是为部署自动化系统以降低复杂性的做法又引入了新的复杂性。因此，在考虑采用自动化解决方案解决管理复杂性问题时，必须进行明确的权衡决策管理。

一个常见案例就是在数据中心网络中部署编排系统以管理隧道化的叠加网络。网络应用可以通过编排系统提供的能力在数据中心网络中创建新的隧道路径，在无需人工干预的情况下，可以建立上千条（甚至上万条）此类隧道。但是，如果网络应用创建的隧道数量过多，以至于超出了特定设备的转发表能力，从而无法管理拓扑结构之上的叠加隧道，那么会怎么样呢？最好的情况就是隧道创建进程失效，操作人员发现并找出故障原因。最坏的情况就是整个网络因为转发面过载而崩溃。

僵化还会从另一个方面导致脆弱性，即假设"存在即合理"。对于全自动化解决方案来说，通常很难通过不同的系统日志文件跟踪特定隧道（对于本例而言）的配置原因。在这种情况下，对于造成网络资源不必要浪费日益严重的未用隧道而言，网络操作人员该如何判断这些问题的根源在于回收进程（垃圾回收）出错了呢？

2．网络状态问题

从某种意义上来说，自动化系统是网络状态的一种抽象。网络操作人员并不直接处理任何特定设备的配置或当前运行状态，而是操作一款软件，由软件将预期状态解析为实际状态。通过这种增加的抽象层，可以让网络自动化机制能够解决在大量设备上部署复杂配置的复杂性问题。

但这种抽象方式会丢失网络的真实状态，查看单台设备配置的工程师通常需要跟踪大量进程和代码才能理解特定配置的配置方式及配置原因。这在网络出现大规模中断或者跟踪网络故障的时间非常宝贵的时候完全不可取。虽然我们也可以通过精细化的文档工作解决这个问题，但是记录特定设备安装的特定配置本身就是一种复杂性。

问题范围中的第二个问题就是缺乏单一真实来源或者规范化的真实来源，来保证网络配置的真实性以及采取这种配置方式的原因（将配置意图与配置信息关联起来）。工程师们必须检查网络设备的实际配置信息才能了解真实情况以及预期意图。他们可能会快速浏览自动化系统中的注释，然后再查看存储在资料库中各种形式的实际文档。但存储在不同位置、不同时间段的文档有一个非常明显的趋势，那就是文档的内容通常会随着时间的推移而产生偏离。由于缺乏"单一真实来源"，我们很难确切地了解特定配置的设计意图以及部署方式。正因为如此，有时良好的网络文档系统反而可能会给工程师们提供错误的网络信息，此时比没有网络文档（或者文档很少）更加糟糕。

3．管理系统本身的管理问题

做过大型系统开发的工程师们都能从软件的角度说出各种管理难点，包括代码库的跟踪、达到生产条件之前的代码测试，以及整个功能开发过程的有效管理等。每一项工作都有必须解决的复杂性问题。当网络自动化项目还处于几名工程师在白板上筹划的"编外项目"时，很难想象最终的自动化系统会在几年之后拥有版本控制、全面的冒烟测试系统，以及实验室环境等。

虽然自动化系统对于控制网络设备的复杂性很有益处，但自动化系统本身也是一个有着无穷复杂性的来源。多年来供应商们一直都在承诺简化自动化系统的设备管理进程，但始终都在开放接口与市场收入之间不断摇摆。也许软件定义网络或其他更新颖的模型能够提供简化自动化管理的解决手段，但网络工程师也必须意识到这个领域的权衡问题。

4．关于自动化解决方案的最后思考

网络设备的配置自动化与网络的其他自动化任务相似，每种解决方案都有各自的优缺点，而且每种解决方案都存在各自的复杂性问题。

如果决定对特定网络配置任务采取自动化配置操作并构建自动化系统，那么就必须认真考虑前面所说的三个问题（脆弱性、网络状态以及管理系统本身的管理问题）。

4.2.2   管理复杂性的解决方案：模块化

虽然模块化通常被视为将网络划分为多个故障域的技术机制，但是在管理操作复杂性方面也非常有用。将网络模块化有很多好处，包括限制网络架构的覆盖范围、限制网络变更的影响范围，而且网络模块还能实现重复使用以及独立演进。从实际效果来看，将网络模块化不但能够减少网元和协议的数量，而且还能减少人与网络交互时的处理信息量。

仍以前面的策略分发案例为例（即决策是否要将一组服务质量策略分发到靠近网络边缘的大量设备上，或者分发到靠近网络核心的少量设备上），此时应考虑：

- 将策略分发给每台边缘设备，这样做的问题是将策略配置分发给了很多不需要该策略的设备；

- 或者仅将策略分发给需要该策略的设备，但这样做的问题是需要在后续工作中处理整个网络配置的不一致问题。

模块化机制解决这个问题的方式是将设备分解成多个模块，从而为每个模块部署不同的策略，以保证所有边缘设备的相同模块都拥有一致化的策略配置。网络工程师只要能找到设备配置的模块，就能保证这些模块配置的一致性或标准化。

从这个意义上来说，模块化对于网络配置自动化所需的服务类型抽象来说是一种辅助机制。如果网络自动化系统将每台设备都作为"个案"进行处理，那么就会将成千上万种配置带来的复杂性转移给了自动化系统本身。网络自动化系统必须能够将设备划分成相对较少的"设备种类"，并将每类设备都抽象为一种配置。只有这样才有意义，这也是模块化机制所要实现的目的。例如，不仅可以将设备划分为边缘设备或核心设备，而且还可以将边缘设备进一步细分成连接用户的边缘设备以及连接计费系统等进程的边缘设备（这类设备所在的边缘模块主要用于计费部门）。

更精确的分类方式可以在网络中规划和使用更多（而不是更少）的"模式化"配置。

从操作复杂性的角度来看，这种思路可以将设备按照模块进行组合，按照设备角色设计模板，在交互时实现汇聚功能。此时的网络操作人员说的不再是"将策略 X 应用于所有边缘设备"，而是"将策略 X 应用于所有提供 L3VPN（Layer 3 Virtual Private Network，三层虚拟专用网）服务且用户数量超过 Y 的边缘设备"。

不过，并不是说模块化就不需要考虑复杂性权衡问题。模块化可能会走向三个极端。

- 模块化的第一种极端做法是，试图为每种可能情况都构建完美配置。如果采取了这种做法，那么最终的模块大小通常就只有一个。但并不是将每台设备都按照单独的配置进行处理，其结果是在策略之上又叠加了一层策略，在异常之外又增加了一层异常，最终的设备配置不仅是唯一的，而且这种唯一性是通过一组唯一的规则建立起来的。虽然每个规则都可能用于各种设备，但每台设备都仅仅代表这些规则的唯一组合。事实上，这样做的后果是制造的问题比解决的问题还要多，因为它将其他交互面的各种问题（策略叠加策略或者域叠加域）都引入到网络中了。

- 模块化的第二种极端做法是，在牺牲使用网络的应用与服务的情况下试图将可能的策略和配置数量降至最低。在这种情况下，应用开发人员或用户可能会被告知不能在网络上部署特定服务或应用，因为部署这些服务或应用带来的网络策略调整工作非常困难。另一种可能是"虽然可以部署该应用，但是该应用只能运行在次优模式下，因为没有简单的方法调整我们的工具和模块，以支持优化运行的策略要求。"当然，网络中总会存在一部分应用因为一致性策略而运行在次优模式下，但必须在策略复杂性与网络中运行的实际应用及服务之间寻求平衡。

- 模块化的最后一种极端做法是，试图采用非常理想的 API 或完美的交互面，从而创建出无法分解的完全固化的模块。这样就会在网络设计过程中因为僵化问题而产生了另一种形式的脆弱性。这种模块建立起来之后，网络就没有任何空间或方法来适应和解决新的业务问题。实际上，这样做的后果就是业务成为降低网络操作复杂性的牺牲品，这就是"绕过复杂性"的典型反面案例。

4.2.3　协议复杂性与管理复杂性

回到网络、应用或服务故障排查过程中的人与网络的交互问题。假设网络操作人员需要确定两台指定主机之间的流量路径，一种方式是操作人员从主机出发，确定该主机的默认网关。找到默认网关之后，再检查本地转发表以找到下一跳。到达到下一跳设备之后，就可以继续跟踪流量在网络中的传播路径了。

另一种实现方式是操作人员在源节点利用 traceroute 工具。这种方式能够更快更有效地找到可能的路径故障位置，对于进一步的故障分析非常有用。可以看出，只要为操作人员的工具箱增加一款有效工具，就能极大地改善故障检测时间，同时还能大大减少操作人员需要处理的设备和命令数量。应用程序 traceroute 需要使用特定的协议行为，如 TTL（Time-to-Live，生存时间）超时/跳数限制（HopLimit）、生成 ICMP（Internet Control Message Protocol，Internet 控制报文协议）消息等，因而带来更多的协议复杂性，但最终结果是将操作人员需要处理的设备数量减少为一台。这是一个非常好的复杂性转移及权衡决策案例：也就是将复杂性从操作复杂性转移到协议复杂性，从而大幅提升最终效果。

下面将通过另一个案例来说明相似效果。假设正在排查 MPLS LSP（Label Switched Path，标签交换路径）故障。操作人员可以使用相同的 traceroute 工具，利用 ICMP 的 MPLS 扩展机制（RFC 4950）[1]不仅能够定位潜在的故障节点，而且还能跟踪该路径的 MPLS 标签栈。不过本例中的操作人员也可以选择其他工具，即"检测 MPLS 数据面故障"（RFC 4379）[2]。虽然从协议复杂性的角度来看，这是一种更复杂的故障检测工具，但是该工具能够提供更详细的故障原因信息。而且更为重要的是，该工具还能对等价多路径进行全面的综合分析。也就是说，利用这种新工具（MPLS LSP Ping/Traceroute）能够更快更好地排查网络故障，特别是能够获得更加全面的路径信息和真实的故障原因报告。

接着讨论这个 MPLS LSP 案例，假设网络部署了 RSVP-TE（节点或路径）保护机制，同时还配置了双向转发检测机制，能够快速检测故障。虽然第 7 章将会更详细地讨论这些协议的细节信息，但现在有必要提前了解一下它们的操作含义。实际上可以将快速故障检测与自动故障修复（或旁路）机制视为"主动排障"，也就是没有人为干扰导致的网络中断，操作人员可以有更多的时间进行故障诊断和故障修复。

不过，与世界上的所有复杂性事物一样，现实网络中存在大量需要权衡决策的问题。

- 协议成为另一种必须在网络范围内进行管理的"事物"。前面曾经说过，路由协议由于不需要在网络中的每一台路由器上手工配置所有可达性信息，因而大大降低了复杂性。但是从操作层面来看，路由协议将自己的复杂性转移到了网络中，包括策略、聚合以及操作等问题。

- 事实上，协议属于"有泄露的抽象"。以 traceroute 为例，虽然 traceroute 可以显示

---

1 Ron Bonica et al.，"ICMP Extensions for Multiprotocol Label Switching"（IETF，Aug, 2007），https://www.rfc-editor.org/rfc/rfc4950.txt.

2 K. Kompella and G. Swallow，"Detecting Multi-Protocol Label Switched (MPLS) Data Plane Failures"（IETF，Feb, 2006），https://www.rfc-editor.org/rfc/rfc4379.txt.

网络中主机之间的路径信息，但无法显示特定应用或特定服务实际使用的路径。例如，由于服务质量原因，可能会将语音流量引导到一组与网管流量不同的链路上。

1. traceroute 中的故障行为（无流量工程）

值得一提的是，traceroute 不需要使用策略路由或流量工程，因而不会产生这里所说的问题。假设需要从某台设备上利用 traceroute 工具查找特定路径出现的超长时延原因，那么相应的测试结果可能如下：

```
C:\>tracert example.com
1 <1 ms <1 ms <1 ms 192.0.2.45
2 4 ms 3 ms 11 ms 192.0.2.150
3 20 ms 4 ms 3 ms 198.51.100.36
4 * * * Request timed out.
5 * * * Request timed out.
6 7 ms 7 ms 7 ms 203.0.113.49
```

大家是否对输出结果中的"星号"感到奇怪？事实上，它们可能表示任何含义或者什么也不是。我们需要关注其中的三点信息。首先，并不是路径上的每一台设备都递减 IP 包中的 TTL 值。例如，作为交换机而不是路由器连接到路径上的数据链路层防火墙将在不修改 TTL 的情况下传送流量。其次，隧道可能表现为单跳或多跳，根据外层隧道报头交换数据包的设备不会（绝大多数场合）对内层报头的 TTL 进行任何处理，此时大量设备就被视为一台设备。最后，traceroute 的输出结果中没有显示回程路径，但回程路径对于网络性能的影响程度与出站路径完全相同。

4.3 最后的思考

本章讨论了操作复杂性的问题范围以及相应的解决方案，在问题范围部分讨论了两个案例：人与系统间的交互成本以及策略分发与最优流量处理。这两个案例都说明了同一个问题：网络规模与网络提供服务的复杂性以及网络物理连接的设备数量的关联程度相当。对于大量支持各类策略但配置几乎相同的设备来说（每台设备的作用都相似），其复杂性与承载了大量服务的中等规模的网络的复杂性完全不同。如果没有其他更好的办法，那么这种方式就是研究网络中的管理复杂性的最好方式。需要注意的是，网络规模对复杂性的影响结果并不是唯一的，至少是两面的。

　　研究了问题范围之后，本章又讨论了相关的复杂性解决方案，包括自动化、模块化以及协议复杂性（或增加其他协议）。这些解决方案都必须考虑相应的权衡决策问题，包括脆弱性、网络状态、更多的交互面以及必须管理的系统等。每种解决方案都是在不同的领域之间转移复杂性。虽然自动化是大规模网络操作的必然需求，但需要注意的是，不能认为自动化机制可以解决一切复杂系统的复杂性问题。对于开发维护团队或者身边的程序员来说，虽然转移复杂性确实能够让网络看起来简单一些，但解决现实问题的复杂性永远也没有消失。

　　虽然本章不是本书的重点，但希望可以为网络工程师们提供一些思考，知道需要在哪些地方做出复杂性权衡。下一章将从操作复杂性转到设计复杂性。虽然很多问题、解决方案以及权衡决策都相似，但讨论这些问题的视角和领域都完全不同。

第 5 章

设计复杂性

长期从事网络领域工作的人肯定都经历过网络拓扑结构的发展困境。那个时代的大型企业网设计人员通常都会指着会议室墙壁上挂着的上百页图纸来解释其网络物理层拓扑结构的优缺点，由于带宽需求早已超出 10 条或 15 条 T1 捆绑链路，而运营商又无法提供其他类型的大带宽链路，因而部署了数百条 T1 链路，并通过园区网络连接在一起。

由于网络复杂性通常等同于拓扑结构的复杂性（如拥有多少条链路、都部署在什么地方以及存在多少环路等），因而网络设计方案中的大范围故障往往被视为最最糟糕的事情。拓扑结构的网状连接程度越高，网络就越复杂（如果你发现在网络拓扑结构中寻找路径的难度远大于在孩子的房间中找路，或者网络中的连接密度远多于孩子房间中的过道数量，那么就表明网络设计方案有问题）。

不过，将拓扑结构的复杂性等同于设计复杂性常常会误导我们的关注重点。因为从复杂性的角度来看，拓扑结构并不是孤立的，我们可以很容易地建立一个拥有大量节点且超密集拓扑结构，但可能并不复杂。如常见的单级 Spine-and-Leaf（叶脊架构，即分布式核心网络）拓扑结构。虽然该拓扑结构包含了很多连接、链路以及大量设备，但这种拓扑结构理解起来非常容易，解释起来也非常容易。

那么为什么理解与设计复杂性相关的拓扑结构非常困难呢？除了直觉因素之外，还有哪些因素将复杂性与纷杂的拓扑结构关联在一起呢？

本章将要讨论的主要内容之一就是拓扑结构与控制面之间的关系，因为这是较难管理的一种交互面。数据包传输层（如物理层或隧道）与控制面本身都是非常复杂的系统，而且都包含很多子系统，都有各自深层次的复杂性问题。除此以外，还有很多不确定且经常发生变化的交互面，最终导致设计复杂性远比想象中的还要高。

控制面与传输层拓扑结构之间的主要交互点如下：

- 控制面状态的数量；

- 控制面状态的变化速率；

- 拓扑结构的变化传播范围，即必须在控制面中的多大范围传播拓扑结构的变化信息。

将上述交互点与复杂性组件（如第 2 章所述）对应起来，可以看出下述问题。

- 状态：拓扑结构如何增加或减少控制面所处理的状态数量？

- 速度：拓扑结构如何提高或降低控制面对拓扑结构变化情况的响应速度或者向控制面通告拓扑结构变化信息的速度？

- 交互面：拓扑结构的变化会影响控制面中的哪些设备？控制面与数据面或拓扑结构之间的交互深度如何？控制面组件之间的交互位置有多少？

虽然我们可以从很多角度来理解上述交互关系，但限于篇幅（否则就不是一章，而是一本书了），本章将主要讨论以下内容。

- 控制面状态与迂回度：讨论如何在控制面携带的信息量以及控制面的变化速率与网络效率之间做出权衡。

- 拓扑结构与收敛速度：除了分析弹性与冗余度之间的关系之外，还会分析拓扑结构与弹性之间的关系。

- 快速收敛与复杂性：除了继续讨论收敛速度问题之外，还会分析网络性能（复杂性的根源之一）以及围绕收敛产生的权衡决策问题。

- 虚拟化与设计复杂性：这一点对于很多网络工程师（即使拥有多年工作经验）来说都不太容易理解，但复杂性与网络工程师们所面对的各种虚拟化机制之间确实存在非常明确的关联关系。

5.1   控制面状态与迂回度

什么是网络迂回度（stretch）？简而言之，迂回度指的就是网络中的最短路径与两点间的实际流量路径之间的差异（如图 5.1 所示）。

假设网络中的所有链路开销均相同，那么路由器 A 与 C 之间的最短物理路径也就是最短逻辑路径：[A,B,C]。如果将链路[A,B]的度量调为 3，那么会怎么样？此时的最短物理路径仍然为[A,B,C]，但最短逻辑路径则变成了[A,D,E,C]。最短物理路径与最短逻辑路径之间的差异就是数据包在路由器 A 与路由器 C 之间转发时所要经过的距离。对于本例来说，迂回度的计算方式为(4 [A,D,E,C])–(3[A,B,C])，即迂回度为 1。

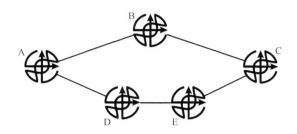

图 5.1　迂回度示意图

如何度量迂回度？

应该以跳数、度量和、穿越网络的时延或其他参数来度量迂回度吗？这要看给定条件下什么是最重要的因素。最常见的方式是比较经由网络的跳数（为简化起见，本例采用的就是这种方式）。在某些情况下，考虑两条路径的度量、时延或其他参数可能更为重要，但要点是在所有可能的路径上都必须采用统一的方式来测量，以便在路径之间进行精确比较。

对于迂回度来说，应注意以下几点。

- 有时很难区分物理拓扑结构与逻辑拓扑结构。对于本例来说，由于链路[A,B]是慢速链路而导致其链路度量值增大了吗？果真如此的话，那么该案例是迂回度案例还是简单地让逻辑拓扑与物理拓扑相接轨的案例就值得商榷了。

- 与其他方式相比，基于迂回度来定义策略要简单得多。策略是增加网络迂回度的任意配置。例如，利用策略路由或流量工程，可以将流量从最短的物理路径转移到较长的逻辑路径上，以减少特定链路的拥塞状态。该策略就增加了网络的迂回度。

- 增加迂回度并不总是坏事。理解迂回度的概念可以帮助我们理解很多其他概念，并围绕复杂性权衡达成一致。从物理角度来说，最短路径并不总是最佳路径。

- 本例中的迂回度很简单，同时作用于所有目的端以及流经网络的所有数据包。而现实世界并非如此简单，通常是针对每组源端/目的端来定义迂回度，因而很难在全网范围内测量迂回度。

有鉴于此，下面就来分析两个迂回度与优化之间的权衡案例。

5.1.1   路由聚合与迂回度

路由聚合技术不但能减少控制面所携带的信息量，而且还能有效降低控制面的状态变化速率。路由聚合技术是 IP（包括 IPv4 和 IPv6）技术的固有特性，允许单个子网包含多个主机地址。通过将广播网段与一组主机关联在一起，IP 路由协议可以无需管理二层可达性信息以及各个主机地址。

> **注：**
>
> 有时也在大型网络（特别是数据中心和移动 ad-hoc 网络）中利用主机地址来提供移动性，这也是控制面状态与迂回度之间的一种权衡。

在控制面内进行路由聚合会产生迂回效应（如图 5.2 所示）。

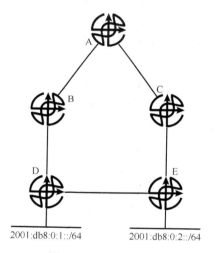

图 5.2   聚合与迂回度

> **注：**
>
> 大多数路由协议都要考虑聚合路由中的成员路由的度量，以尽可能地在聚合边缘提供最优路由。不过即便如此，迂回路由在网络中仍然非常普遍。因而为了简化起见，本例不再考虑聚合路由中的成员路由的度量。

从下面两种情形可以看出，路由聚合会增加网络的迂回度。

- 假定链路[A,B]的开销为 2，且网络中的其他链路开销均为 1。如果路由器 B 和 C 都将路由聚合为 2001:db8::/61，那么聚合路由内的所有主机都将优选经由链路

[A,C]的路由。去往 2001:db8:0:1::/64 的流量将经由路径[A,C,E,D]去往目的端，虽然此时的最短（物理）路径是[A,B,D]。可以看出，2001:db8:0:2::/64 的迂回度没有变化，但 2001:db8:0:1::/64 的迂回度增加了 1。

- 假定网络中的所有链路的开销均为 1。如果路由器 B 和 C 都将路由聚合为 2001:db8::/61，那么路由器 A 就可以通过两条等价路径为去往路由器 D 和 E 后面的子网的流量实现负载共享。在完美共享的情况下，去往 2001:db8:0:1::/64 的流量中的 50%将流经[A,C,E,D]，迂回度为 1；去往 2001:db8:0:2::/64 的流量中的 50%将流经[A,B,D,E]，迂回度为 1。

路由聚合可以减少控制面状态的数量（包括实际的状态数量以及状态的变化速率），从而显著降低复杂性。这里需要考虑三个权衡决策。

- 部署聚合机制以分解故障域，从而提高控制面（进而整个网络）的稳定性和弹性。

- 部署聚合机制需要围绕聚合本身来设计、配置和维护一组策略，这就带来了额外的复杂性。

- 对于本例来说，在网络中部署聚合机制会导致两条原先应当是冗余的链路却成了单点故障。如果路由器 B 是去往聚合路由 2001:0db8::/61 的优选路由，那么路由器 D 与 E 之间的链路出现故障后，路由器 A 就无法到达 2001:0db8:0001::/64。由于聚合路由包含了该地址空间，因而去往该前缀的流量将被转发给路由器 C。但是由于路由器 C 没有该子网路由，因而丢弃该流量。为了解决这个问题，必须部署一条新路径，为路由器 C 提供一条可选路径去往路由器 D。通常应该在路由器 B 和 C 之间部署这条新链路，从而让该链路位于聚合路由的"后面"，而不是聚合路由的"前面"（必须从路由器 C 而不是路由器 B 的角度来配置面向路由器 A 聚合机制）。为了解决这类聚合路由黑洞问题，同样也会增加网络的复杂性。

- 增加迂回度会让流量经过更多的跳数，增加更多的队列，从而给数据面带来更多的复杂性。

- 增加迂回度会让网络的实际工作方式与表象相脱节。部署了增加冗余度的策略之后，查看网络拓扑结构并了解流量流经网络的方式会变得越来越困难，从而增加了网络复杂性以及排查网络操作过程中可能产生（事实上肯定会产生）的各种故障问题的难度。

- 在网络承载的流量没有实际增加的情况下，增加冗余度会增加网络的总体利用率。图 5.1 中的案例将常规经由两跳路径的流量引导到三跳路径上，意味着在网络中转发和交换数据包时，会多一条链路和一台路由器。从单纯的数据意义来说，增加迂回度会降低网络的总体效率，因为这样做会增加转发特定流时所用到的设备及链路数量。

最后一条很有意思，点出了下一个对比项（迂回度与控制面状态）的核心，也就是流量工程对复杂性的影响方式。

5.1.2　流量工程

下面将以图 5.3 为例来说明流量工程对复杂性的影响方式。

假定图 5.3 中的所有链路开销均为 1；2001:db8:0:1::/64 与 2001:db8:0:2::/64 之间的最短路径是[A,B,F]。但网络管理员不希望这两个子网之间的流量经该路径进行传送。例如，这两个子网需要交换的流量可能是耗用大量带宽的文件传送流量，而链路[A,B]已经用于视频流。为了避免这两类流量出现"冲突"而出现服务质量问题，网络管理员在路由器 A 上部署了相应的策略路由，将文件传送流量重定向到路由[A,C,E,F]上。

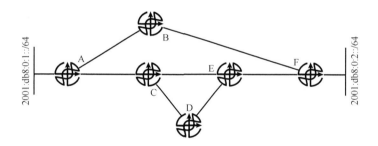

图 5.3　流量工程、控制面状态与迂回度

可以看出：

- 必须在路由器 A 和 F 上创建并部署策略,对路径[A,B,F]上的指定流量进行重定向；

- 文件传送流量的迂回度增加了 1；

- 迂回度增加之后，意味着文件传送流量需要传送 4 跳（而不再是 3 跳），也就意味着需要管理 4 个输入队列、4 个输出队列以及 4 个转发表（而不再是 3 个）；

- 此时单纯从拓扑结构上已经很难看出指定流量在网络中的转发路径了，为了理解特定流量的路径信息，排障工程师必须检查控制面的所有策略，以确定每种策略的实际作用。

这些操作都会在一定程度上增加网络的复杂性，事实上，本例同时增加了数据面和控制面的复杂性。那么我们得到了什么？为何要实施这类流量工程？

虽然通过迁回路由的方式将路径上的特定流量进行重定向会降低网络的总体效率（从利用率角度来看），但是从网络处理负荷的能力角度来看，网络的总体利用率却增加了，更确切地说是更好地支持了特定应用。也就是说，虽然网络的总体效率降低了，但网络的利用率却增加了，网络管理员无需再增加新链路或升级网络容量（从操作人员的角度来看，这两者都是好事）。

5.1.3 关于控制面状态与迁回度的最后思考

对于控制面状态与迁回度场景来说，只要增加冗余度，就要部署某种形式的策略，而部署策略就会在一定程度上增加网络的复杂性。从另一个角度来看，通过策略方式创建迁回路由可以减少控制面的状态，或者提高网络的总体利用率。

因此，需要在控制面状态与迁回度之间做出权衡，没有绝对正确的答案。对于"是否应该部署增加迁回度的策略"而言，答案总是取决于目标以及预期结果。在下一节讨论拓扑结构设计与收敛性之间的权衡决策之前，需要将控制面状态与迁回度之间的关系与第 2 章中描述的状态、速度、交互面架构关联起来。

- 状态：路由聚合会减少控制面中的信息量，流量工程会增加控制面中的信息量。两种情况下的控制面复杂性都在降低，但网络复杂性（数据面）却在增加（至少在某种程度上）。

- 速度：路由聚合隐藏网络中的变化信息来降低控制面的响应速度要求（详见第 6 章。而增加控制面状态以引导网络流量的设计方式与路由聚合的效果完全相反，单一链路故障会导致控制面出现多个更新，因而控制面的响应速度必须加快。

- 交互面：路由聚合在一定程度上减少了控制面与拓扑结构之间的交互面（向控制面隐藏了部分拓扑结构信息），但是从另一个角度来看又增加了交互面（需要部署与网络中的特定拓扑结构特性相一致的控制面策略），而流量工程则增加了控制面与拓扑结构之间的交互面。

可以看出，状态、速度以及交互面模型在诊断复杂性增加、复杂性减少以及权衡决策方面都非常有用。

5.2 拓扑结构与收敛速度

　　除了迂回度之外，网络拓扑结构与控制面之间还存在其他交互关系。拓扑结构的实际布局就是一个交互点（通常并不是很明显）。下面将讨论拓扑结构与控制面之间的两个交互案例：环形拓扑收敛以及冗余度与弹性。

5.2.1 环形拓扑收敛

　　环形拓扑（如图 5.4 所示）通常都有一些非常明显的收敛特性。

　　如果图 5.4 中的链路[D，2001:db8:0:1::/64]出现了故障，那么该拓扑结构的距离矢量协议的收敛过程如何？

1. 路由器 D 发现故障。

2. 路由器 D 将故障通告给路由器 C 和 E。

3. 路由器 C 和 E 将去往 2001:db8:0:1::/64 的链路故障通告给路由器 B 和 F。

4. 路由器 B 和 F 将去往 2001:db8:0:1::/64 的链路故障通告给路由器 A。

5. 从所有本地路由表中删除去往 2001:db8:0:1::/64 的路由，去往该子网的流量都被丢弃。

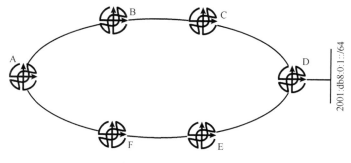

图 5.4　环形拓扑收敛

如果是链路状态协议，那么收敛过程如何呢？

1. 路由器 D 发现故障。

2. 路由器 D 将修改后的链路状态信息泛洪给网络中的其他路由器（至少是泛洪域中的路由器）。

3. 每台路由器均设置一个定时器以延迟运行 SPF。

4. 每台路由器在运行 SPF 的时候，都要重新计算去往 2001:db8:0:1::/64 的最佳路径并安装该路径。

5. 由于环形拓扑中的路由器在不同的时间运行 SPF，因而会在不同的时间安装去往该目的端的新路径，使得环形拓扑中的路由表出现不一致状态，从而产生微环路（请注意，对于本例来说，删除路由不会出现这种情况）。

6. 一段时间之后，所有路由器都运行了 SPF、重新计算了去往该目的端的最佳路由并在路由表中安装了最佳路由。

可以看出，无论使用哪种类型的路由协议，由于都需要在环形拓扑中传播特定目的端的变化信息并做出响应操作，从而都存在一定的延迟。因而在收敛过程中必须在丢弃流量与环回流量之间做出权衡。

既然如此，那为什么网络设计人员还常常使用环形拓扑呢？主要原因如下。

- 环形拓扑是一种能以最少连接数提供备用路径（更正式的术语是二连通图[two connected graph]）的拓扑结构。

- 由于环形拓扑的连接数较少，因而不存在因大量邻居而导致的扩展性问题。无论环形拓扑增大到何种程度，每台路由器都只有两个邻居。

- 环形拓扑在利用最少（昂贵）链路实现长距离覆盖方面非常有效。

- 从复杂性的角度来说，环形拓扑对网络（路由或 IP）控制面的负荷影响较轻。

虽然三角形拓扑（具有三跳的较大拓扑结构的任意部分）的收敛速度要远快于环形拓扑（具有 4 跳或更多跳的拓扑结构的任意部分），但三角形拓扑对控制面的负荷影响较重（特别是在每个节点接收的信息量方面），因而可以在拓扑结构、控制面与收敛速度之间的相互作用方面达成明确的复杂性权衡。

下面将讨论拓扑结构的另一个极端，并分析拥有高度密集连接的拓扑结构案例。

5.2.2 冗余度与弹性

假设需要构建一个可靠性为 6 个 9（99.9999%的正常运行时间）的网络，已知可用链路的平均中断时间约为 3.5 天/年（可靠性为 99%）。利用低可靠性链路实现高可用网络的最简单方式就是并行使用多条链路。表 5.1 给出了并行组件数量与系统可靠性之间的对应关系。

表 5.1   可用性与冗余度

并行链路数量	总体可用性（%）	预计中断时间/年
1	99	3.69 天
2	99.99	52 分钟
3	99.9999	31 秒

计算可用性

如何计算可用性数值呢？如果已知每个组件的可用性数值，那么计算这些组件的并行可用性和串行可用性公式就非常简单。对于串行组件来说，只要简单地将每个组件的可用性乘在一起即可。例如，假设两条链路的可靠性均为 99%，那么将其背靠背连接在一起之后的总体可用性就是将这两条链路的可用性相乘：

```
A == A₁ * A₂
A == 0.99 * 0.99
A == 0.9801 == 98% 可用
```

对于并行组件来说，可用性计算公式如下：

```
A == 1- ((1 - A₁ ) * (1 - A₂ ))
A == 1- ((1 - 0.99) * (1 - 0.99))
A == 1- (0.01 * 0.01)
A == 1- 0.0001
A == 0.9999 == 99.99%可用
```

如果利用并行（并排）组件和串行（背靠背）组件构建网络，并计算这些组件的总体可用性，那么就应该首先从最小的并行或串行组件组开始，逐渐用更大的组件组替换较小的组件组，并将较小的组件组视为单个组件。图 5.5 解释了同时拥有并行组件和串行组件的系统的可用性计算方式。

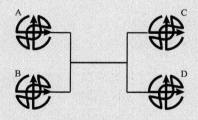

图 5.5   计算并行可用性和串行可用性

如果路由器 A、B、C 和 D 的独立可用性均为 99%，那么就可以利用下列公式计算这 4 台路由器（忽略链路）的总体可用性：

```
(A,B) == 1- ((1 - A) * (1 - B))
(A,B) == 1- ((1 - 0.99) * (1 - 0.99))
(A,B) == 1- (0.01 * 0.01)
(A,B) == 1- 0.0001
(A,B) == 0.9999 == 99.99%可用
```

考虑到路由器组(A,B)的可用性与路由器组(C,D)相同，因而计算这 4 台路由器的总体可用性就是计算路由器组(A,B)与(C,D)的串行可用性：

```
总体可用性 == (A,B) * (C,D)
A == 0.9999 * 0.9999
A == 0.9998 == 99.98% 可用
```

因此，组合系统（忽略链路）的可用性是 3 个 9。

看起来似乎很简单，只要在网络的所有位置都至少部署 3 条并行链路，就能获得 5 个 9 的可用性。是否如此呢？也许吧。接下来我们为路由器增加冗余度并计算相应的可用性。图 5.6 给出了拥有 3 倍冗余链路的全网状拓扑结构。

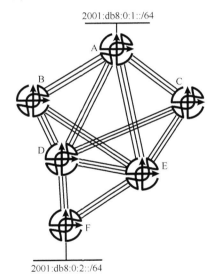

图 5.6　三倍冗余全网状拓扑结构

从链路和路由器的角度来看，该拓扑结构设计方案完全满足 6 个 9 的可用性需求，但控制面的收敛速度怎么样呢？该拓扑结构可能会工作在"理想"条件下，但是如果其中的某条链路出现了快速震荡故障，那么该设计方案就会产生非常有趣的问题。实验室 EIGRP 测试表明，如果并行链路数达到 4 条，那么协议的收敛速度将无法忍受（对于拥有上万台路由器的极简拓扑结构而言）。

大量控制面流量泛洪可能会导致链路状态协议的收敛受阻。例如，如果链路（A,2001:db8:0:1::/64）出现了故障，那么修改后的链路状态更新会在 3 倍冗余全网状拓扑结构中进行多次泛洪（除非部署了泛洪抑制机制），这也是 IS-IS 和 OSPF 存在网状组的原因（防止在全网状网络中出现大规模泛洪事件）。除此以外，这类拓扑结构在收敛过程中产生的微环路数量以及位置都非常多，而且难以预测。

降低这类拓扑结构（从弹性角度考虑仍然保留 3 倍冗余）复杂性的方法之一就是将路由器之间的链路组视为单条链路，如部署 LAG（Link Aggregation Groups，链路聚合组）等技术。敏锐的读者可能已经意识到，这里也存在权衡取舍问题。首先，LAG 也有自己的控制面，而且会修改转发面以确保均衡使用每条并行电路。这些电路与上层 IP 协议进行交互，从而创建了另一个交互面。不过，该交互面的管理相对较为困难。例如，我们需要考虑如何确定任意两台路由器之间的三条可用链路中的某条链路出现了故障？应该在路由协议中修改聚合链路的度量值吗？应该总是均衡使用所有链路吗？从流量和负荷的角度来看，每种解决方案的含义是什么？与以往一样，这些都是难以轻易回答的问题：特定解决方案可能适合某些特定情形，但是在复杂性与网络中的流量优化方面总是存在一定的权衡取舍。

虽然这些问题的答案取决于很多因素，但是如果不能精细地调整各种定时器，以减少控制面的状态数量，那么路由协议就无法在各种情况下都满足 6 个 9 的收敛要求。

这里的权衡取舍就是冗余度与弹性之间的权衡。虽然增加冗余链路似乎总能提升网络的弹性能力，但是对于现实网络来说却并非如此。每条冗余链路都会引入一定的控制面状态，而且还会给路由收敛进程带来更多的负荷。负荷的增加又会延缓控制面的收敛速度，甚至还有可能导致控制面无法收敛。

5.2.3   关于拓扑结构与收敛速度的最后思考

回到前面讨论过的状态、速度及交互面模型，看看如何以及在何处解决拓扑结构与收敛速度之间的权衡问题。下面将以一个稍微不同的顺序来分析这些模型要素。

- **状态**：随着网络冗余度的增加，链路数量以及邻接关系/对等会话的数量也必然随之增加，以发现跨越这些链路的额外链路和邻居关系。但是反过来又会增加控制面携带的信息量以及数据在网络中的复制次数。

- **交互面**：随着网络中设备数量的增加，参与控制面操作的设备之间的邻接关系或对等关系也必然随之增加。对等关系增加意味着交互面增多，所有相关信息都要通过更多的设备进行承载。

- **速度**：随着网络冗余度的增加，与网络状态相关的信息的复制次数也必然随之增加。如果拓扑结构的任何变化都要求控制面收敛，才能使内部数据库与现实网络状态保持匹配（从拓扑结构的角度来看），那么总体状态中的所有额外信息都要花费更多的时间才能收敛，或者在相同时间内需要重分发并计算更多的状态信息。如果希望网络能够在相同时间内收敛或者在携带更多信息的情况下更快收敛，那么就要求控制面能够更快地处理状态信息。在相同时间内要求处理的数据库越大（或越快），所需的处理速度也就越快，或者说每秒钟需要处理的交易量也就越大。

有关收敛速度的最后一个要求就是接下来将要探讨速度与复杂性关系时的核心——快速收敛。

5.3 快速收敛与复杂性

随着网络互连技术的日益普及，快速收敛就意味着收敛速度必须足够快，以保证文件传输或电子邮件在网络中不会出现过多中断。随着网络速度的逐渐提高，部署在网络上的各类应用越来越多地依靠网络所提供的快速和高可靠性,原先可以接受的收敛速度对于目前的大多数应用来说都已经太慢了！图 5.7 以图形方式显示了多种路由协议在部署之初的理论收敛时间（使用默认定时器，不部署任何特殊机制，如 LFA[Loop Free Alternate，无环路交替机制]或快速重路由机制）。图中给出的就是路由协议在默认定时器以及未部署任何特殊机制情况下的收敛速度。

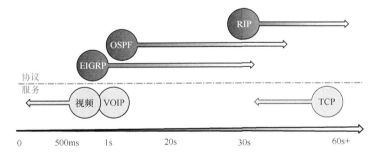

图 5.7 在默认定时器以及未部署任何特殊机制情况下的路由协议收敛速度

下面将逐一分析图中的每种路由协议，对它们的收敛时间有个初步认识。

- RIP（Routing Information Protocol，路由信息协议）利用周期性地更新向邻居通告可达性变化信息（虽然可以从路由数据库中推断出拓扑结构的部分信息，但 RIP并不真正携带拓扑结构信息），周期性更新的"默认"定时器为 30 秒。从平均（统计）角度来看，将可达性变化信息宣告给邻居路由器大约需要 15 秒，因而将可达性变化信息通告给整个网络所需要的时间就是可达性变化信息需要穿越的最大跳数乘以 15 秒，对于大型网络来说，这个时间将达到两分钟或三分钟。

- OSPF 是一种链路状态协议，因而拓扑结构和/或可达性的任何变化都要在全网进行扩散。收到更新 LSA 的每台路由器都要独立计算 SPT（利用 SPF 进行计算），意味着（理论上）与泛洪域中的其他路由器进行并行计算。影响 OSPF 收敛速度的定时器是 LSA 生成定时器和 SPF 计算定时器。通过这两个定时器的优化组合，可以让标准的、未经更改的 OSPF 的收敛时间最短达到 1 秒左右。图中显示的最大收敛时间大约在 30 秒，就是发现邻居故障并在全网宣告该故障所花费的时间。

- EIGRP 是一种距离矢量协议，在本地数据库中保留拓扑结构的一跳信息，并利用该信息预先计算可能的无环路径。如果存在可选的无环路径，那么 EIGRP 就可以在检测到链路故障后的 100ms 内完成收敛过程。如果没有 LFA（称为 FS[Feasible Successor，可行后继路由]），那么 EIGRP 就会通过发送查询消息。由于每一跳处理该查询消息的平均时间约为 200ms，因而 EIGRP 的收敛时间为 200ms 乘以查询进程所涉及的路由器数量（由网络设计和配置方案确定）。最大收敛时间由 EIGRP 的 SIA（Stuck in Active，陷入活跃状态）定时器确定，通常为 90 秒。

> **注：**
>
> 为什么 SPT 计算在理论上是并行的？这是因为路由器将数据包泛洪给每个邻居的速率以及在多跳网络中泛洪新信息的累计时间或多或少都会存在一些差异，无法确保网络中的所有路由器都能在同一个时刻收到新的拓扑结构信息。在这种情况下，就没有办法确保网络中的所有路由器都能在同一时刻开始计算新的 SPT，这也是链路状态路由协议在收敛过程中产生微环路的根本原因。

从图 5.7 的应用需求可以看出，这些收敛时间根本无法满足当前人们对网络的期望收敛要求。那么该如何改善这些协议的收敛时间呢？第一步就是加快协议间的信息响应速度。

5.3.1 利用智能定时器提高收敛速度：加快响应速度

如果希望提高路由协议的收敛速度，那么从什么地方着手最简单呢？考虑到各种定时器之间的相互作用、路由信息的分发以及新转发表的计算，最明显的着手点就是路由协议用来确定何时宣告新信息的定时器。为了更好地理解这个问题，我们将分析缩短这些定时器所带来的影响，从而理解定时器成为着手点的原因。下面将以网络中运行的 OSPF 为例加以说明（如图 5.8 所示）。

为便于解释，假设 2001:db8:0:1::/64 链路出现了震荡现象，即出现了故障，每隔 200ms

或 300ms 就要重新连接一次。如果路由器 A 在链路状态发生变化时都要生成一条新 LSA，那么会怎么样？路由器 B 和 C 将会在网络中泛洪路由更新，从而占用带宽和缓存空间。为了避免出现这种情况，OSPF 被设计为路由器在宣告链路状态变更信息之前需要等待一个最短时间（LSA 生成定时器）。如果 LSA 生成定时器设置得足够大，那么就能抑制本地直连链路的快速状态变更问题。这样一来，前面所说的链路震荡问题就不会在全网产生经常性的 LSA 泛洪。但是另一方面，如果 LSA 生成定时器设置得过大，那么整个网络的收敛速度将很慢，该如何解决这个问题呢？

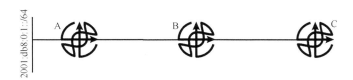

图 5.8　简单的 OSPF 网络

解决办法是使用可变定时器，允许路由器 A 在 2001:db8:0:1::/64 链路出现状态变化后快速（甚至立即）宣告新的链路状态，但此后需要执行"退避"操作，路由器 A 必须在宣告下一条链路状态变化信息之前等待更长的时间。这样做的目的是允许网络对单次链路状态变化进行快速收敛，但同时又抑制短时间内出现的大量链路状态变化。

这就是指数退避机制，目前大多数 OSPF 实现都支持该功能。指数退避定时器被设置为一个非常低的数值，每次发生新的事件之后就递增定时器，直至到达某个最大值。随着时间的推移，如果没有事件发生，那么该定时器就会不断减小，直至到达最小值。图 5.9 给出了指数退避定时器的操作示意图。

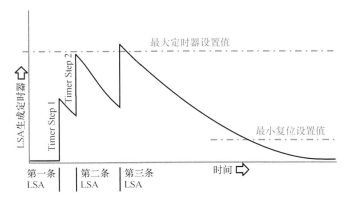

图 5.9　指数退避定时器操作示意图

从图 5.9 可以看出，2001:db8:0:1::/64 链路的第一次故障导致路由器 A 立即（几乎是）

生成一条 LSA，因而网络的其余部分能立刻知晓该故障。路由器 A 发送了 LSA 之后，会将 LSA 生成定时器修改为 Timer Step 1，然后立即开始"衰减"LSA 生成定时器。如果没有新的链路状态变化，该定时器的数值将不断减小。不过片刻之后，网络又出现了第二次拓扑结构变化，此时路由器 A 必须等待该定时器超时，然后再发送新的 LSA，再将定时器设置为更大值（如图中所示的 Timer Step 2）。此后，路由器 A 将再次等待定时器超时，然后再发送新的 LSA，再将定时器设置为更大值。等到定时器达到最大值之后，无论出现了多少次故障，都不会将定时器设置为更大值。

此外，还可以将这种指数退避机制用于 SPT 的计算间隔，允许网络快速响应少量变化行为，同时还不会因为更新信息以及处理需求而给网络造成负担。

注：

图 5.9 看起来与 BGP 阻尼（Dampening）机制很相似，原因在于 BGP 阻尼与指数退避机制使用了相同的原理和技术来提升网络的稳定性，同时允许网络快速通告可达性或拓扑结构的变化信息。

对于快速响应与复杂性来说，应注意下述情况。

- 增加到控制面的状态极少。事实上，根本就没有将任何新状态添加到路由器之间承载的控制面状态中。虽然需要向控制面的协议实现增加一些额外的定时器（当然该操作也很复杂，具体的复杂程度与定时器的操作颗粒度[基于每个邻居/对等体、每条前缀等]有关），但这些定时器对于路由协议来说并不是透明的。为了加快收敛速度，可能会/也可能不会给网络带来更多流量（取决于定时器的设置方式）。对于早期网络来说，由于链路的传输速率很低，因而这些额外数据包对于网络本身的运行来说也是一个压力。不过对于现代网络来说，由于链路速率有了大幅提高，这些额外流量相对于收敛速度的提升来说根本不值一提。如果对这些定时器的修改得当，那么就有可能显著提高控制面的运行速度（即控制面在网络中传播状态信息的速度）。随着事件发生频率的不断增大，就逐渐加大事件的宣告间隔（指数退避），这样就可以将操作频率缓解到不增加任何复杂性的程度。

- 也许最大的复杂性就是在指数退避定时器与控制面交互过程中引入的。此时网络中大量设备的定时器设置不再完全一致，这些设备都拥有相对独立的定时器设置方式，而且可以运行在不同的速率下，因而任何时刻都很难准确预测网络的当前状态。在故障排查或确定特定情况下的控制面行为时，会引入更多的"量子态"特性。与单故障场景相比，多故障场景产生的事件链完全不同，可能会导致难以追踪竞争条件以及复杂交互面的其他人为因素。

注：

与所有的控制面调整操作一样，将指数退避定时器配置为加快收敛速度的机制时，同样也要考虑权衡取舍。例如，单台故障设备或攻击者（将拓扑结构的错误变更信息注入到控制面中）会强制指数退避定时器保持在高值（如图 5.9 中的最大定时器数值）。如果这些定时器被迫保持在高于正常值，那么网络对真实变化的响应速度将非常缓慢，从而导致应用故障。虽然这些关系看起来似乎有些牵强，但很多网络管理员在排查应用性能故障时都不会查看这些定时器。

由此可见，修改路由协议中的收敛定时器，可以有效缩短收敛时间，而且还不会带来巨大的复杂性影响。

5.3.2 删除收敛定时器：预计算 LFA 路径

讨论完加快响应速度的方式之后，接下来还能做什么呢？如果让定时器更加智能就能大大改善收敛时间，那么为何不简单地将定时器从收敛进程中删除呢？这就是预计算 LFA 路径所要完成的工作（如图 5.10 所示）。

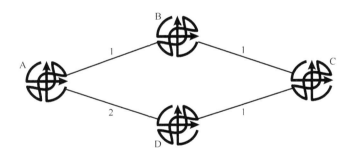

图 5.10 快速收敛的预计算示例

从图 5.10 可以看出，路由器 A 可以通过两条路径到达路由器 C 后面的目的端：经由路由器 B（开销为 2）和经由路由器 D（开销为 3）。很明显，本例中的路由器 A 会选择开销为 2 的经由路由器 B 的路径，那么路由器 A 为何不能将经由路由器 D 的路径安装为备用路径呢？很明显这条路径也是无环路径。

其实这就是预计算机制所要完成的工作，即发现可选无环路径并安装为本地可用的备用路径。需要记住的关键之处在于，路由器无法像网络工程师那样"看"网络。网络工程师拥有实际的网络结构，可以在图上画出到达指定目的端的可选路径（不过如下节所述，由于路径开销差异很大，因而在图上寻找可选路径也并不是一件很容易的事情）。路由器所能做的就是检查这两条路径的开销（特别是由可选路由的下一跳宣告的开销），以确定是否应该将该路径用作 LFA。

对于本例来说，路由器 A 可以查看路由器 D 的开销并确定经由路由器 D 的路径不存在环路，这是因为路由器 D 的路径开销小于路由器 A 的路径开销。就 EIGRP 而言，这就是所谓的可行性测试。如果邻居的报告距离（从路由器 D 开始计算的开销）小于本地可行距离（从路由器 A 开始计算的最佳路径），那么该路径就是无环路径，可以用作备用路径。OSPF 和 IS-IS 计算 LFA 的方式非常相似，都是从邻居的角度计算去往给定目的端的开销，从而确定该路径是否存在环路。

下面将从复杂性的角度来考虑 LFA 路径的预计算问题。

- 与修改定时器相似，预计算 LFA 路径也不会给控制面增加任何状态，这是因为计算可选路径所需的所有信息都可以由控制面（包括 EIGRP 和链路状态协议）携带的信息提供，因而不会增加任何新信息。当然，预计算可选路径会增加特定实现的内部状态，从而引入新的需要测试的代码路径。

- 预计算操作对于控制面的运行速度来说几乎毫无影响。如果可以通过预计算机制保护经由网络的大多数路径，那么前面所说的修改定时器操作就不那么重要了，收敛速度就可以慢一些，而且控制面的宣告节奏也可以慢一些。

- 也许预计算机制最大的复杂性就在于控制面中的交互面问题（指数退避定时器也是如此），从控制面的操作以及操作状态等两个角度来说均是如此。增加控制面操作复杂性的原因是单一故障或多发故障可能会导致相互交叠的预计算路径同时起作用，从而在网络中产生无法预料的状态。竞争等条件也是必须考虑（并进行测试）的副作用之一。从操作状态的角度来看，预计算路径会给增加转发设备的内部状态，运营商必须关注备用路径以及是否将网络切换到可选备用路径或者重新计算新的最佳路径。如果同时（或接近同时）出现两个故障，那么运营商就很难预测实际的故障后果，也很难知道实际的网络收敛效果（即是否满足收敛需求）。

与修改定时器以提高协议收敛速度相似，预计算路径实现的增益效果远大于复杂性的增加。事实上，很多大型网络都长期部署了 EIGRP 可行后继（也是一种预计算路径），所带来的复杂性增加几乎可以忽略不计。

5.3.3 建立无环备用路径隧道

如果稍微调整图 5.10 的度量值，并在图中增加一台路由器以形成图 5.11 所示的网络，那么会怎么样呢？

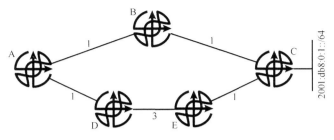

图 5.11 非无环备用路径

此时的路由器 A 仍然可以通过两条路径去往路由器 C 后面的目的端（如 2001:db8:0:1::/64），但此时不能再将经由路由器 D 的路径用作 LFA 了，原因是什么？如果经由路由器 B 去往 2001:db8:0:1::/64 的路径出现了故障，路由器 A 将路径切换到经由路由器 D 的可选路径，那么路由器 D 会转发该流量吗？路由器 D 可以通过两条路径去往 2001:db8:0:1::/64：经由路由器 E（开销为 4）和经由路由器 A（开销为 3）。因而路由器 D 会将路由器 A 发送的所有去往 2001:db8:0:1::/64 的流量都转发回路由器 A。

对于本例来说，如果路由器 A 将路由器 D 用作 LFA，那么在经由路由器 B 的路径出现故障之后，到路由器 D 重新计算出最佳路径并开始使用经由路由器 E 去往 2001:db8:0:1::/64 的路径期间，实际上会产生路由环路。通常将这种路由环路称为微环路，这是因为这类环路是由控制面形成的，而且持续时间非常短（不是永久环路）。

那么该如何解决这个问题呢？最明显的答案就是不将经由路由器 D 的路径用作备份路径，但我们要做的是希望网络拓扑结构发生变化后为流量提供快速重路由机制，而不是简单地丢弃数据包。此时可以利用隧道机制来解决快速重路由问题，即建立一条跨过路由器 D 到达网络中某台不会将流量转发回路由器 A 的路由器的隧道，实现机制很多。

- 从更大范围的邻居角度计算 SPT，直至找到多跳之外的某个节点，与该节点建立隧道之后，可以保证不会将流量路由回源端。大多数实现机制最多仅寻找两跳之外的节点（即邻居的邻居），因为这样就能找到大多数可用的替代路径。

- 向路由器 A 宣告经由路由器 D 和路由器 E 去往 2001:db8:0:1::/64 的可达性信息[1]。

- 利用随机搜索算法（如深度优先搜索）或其他方法计算备用拓扑[2]。

---

1 作为案例，可参考 S. Bryant、S. Previdi 和 M. Shand 提出的"A Framework for IP and MPLS Fast Reroute Using Not-Via Addresses"（IETF，2013 年 8 月）， https://www.rfc-editor.org/rfc/rfc6981.txt。

2 作为案例，可以参考 A. Atlas 等人提出的"An Architecture for IP/LDP Fast-Reroute Using Maximally Redundant Trees"（IETF，2015 年 7 月），https://www.ietf.org/id/draftietf-rtgwg-mrt-frr-architecture-06.txt。

- 计算从目的端至本地路由器的反向树，并在反向树上找到一个不在当前从本地路由器到目的端的最佳路径上的节点[1]。

找到了可以安全隧道化流量的远程节点之后，就要利用某种形式的隧道机制自动创建隧道并用作备用路径，同时还要安装到本地转发表中。一种方式是为该隧道路径分配极高的度量值，另一种方式是在转发表删除主用（非隧道化）路径集之前确保不会使用该隧道路径。此外，隧道端点也必须有一个隧道末端，通过隧道末端处理转发到路径上的数据包。为了降低网络管理和配置开销，最好采取自动配置方式。

再次回到前面讨论过的状态、速度、交互面以及优化模型，分析这种隧道化快速重路由机制对网络复杂性的影响。

- 隧道解决方案会从多个方面增加状态信息。首先，会引入额外的内部状态以及部署状态，这两者都会增加控制面协议的复杂性，这些额外状态包含了网络拓扑结构发生变化后重新计算隧道化备用路径所需的额外处理。其次，有些机制（如NotVia）需要显式宣告额外的控制面状态，从而增加了控制面协议的复杂程度。再次，如果网络中没有部署建立快速重路由备用路径的隧道协议，那么还必须部署这些隧道协议，从而给协议栈带来新的协议和新的配置。最后，在全网部署（或自动部署）隧道端点，也会因配置工作量问题而增加网络的复杂程度。

- 隧道化快速重路由机制并不会加快控制面的运行速度，也不会加快网络拓扑结构的变化速度。事实上，快速重路由可以减少前面所说的复杂的定时器调整工作，从而大大降低更新速度。从这个角度来说，隧道化快速重路由机制可以降低复杂性。

- 隧道解决方案在多个维度增加了交互面的广度和深度，这可能是这些解决方案增加网络复杂性的主要方式。首先，确定网络（特别是处于中断状态）的流量模型非常复杂，对于重视高利用率（而不是超量使用、忽视服务质量）的网络来说，需要在规划、配置以及管理服务质量问题时增加很多考虑因素。其次，由于流量可以在过渡状态下通过隧道到达网络中多跳之外的某个节点，因而跟踪特定流量变得更加困难。对于经常出现拓扑结构变化的网络来说，这是一个难以逾越的挑战。再次，操作人员在确定流量的流经位置及其原因时，必须扩大查找范围，这一点也会给当前的转发表增加更多的控制面信息。最后，隧道机制要求大量设备都必须能够动态终结隧道，从而重路由流量，但这些动态打开的隧道末端都是潜在的安全威胁，从而带来了额外的管理复杂性。

---

1 如果希望了解进一步信息，可参考 *The Art of Network Architecture:Business-Driven Design* 一书的第 8 章 "Weathering Storms" (Indianapolis, Indiana: Cisco Press, 2014)。

5.3.4 关于快速收敛与复杂性的最后思考

从前面讨论过的默认定时器、预计算 LFA 以及隧道化 LFA 等快速收敛机制可以看出，这些机制对复杂性的增加程度各不相同，前两种机制只是略微增加了网络复杂性，而最后一种机制则大幅增加了网络复杂性（如图 5.12 所示）。

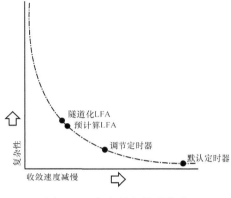

图 5.12 复杂性与快速收敛

注：

隧道化 LFA 和预计算 LFA 解决方案在加快收敛速度方面非常相似，因而在图 5.12 中显得非常接近。这两种解决方案的主要取舍点在于控制面的复杂性与解决方案所适用的拓扑结构类型。隧道化 LFA 方案几乎适用于所有拓扑结构（也有例外，并不是所有的隧道化 LFA 技术都支持非平面拓扑结构），但代价是引入更多的控制面复杂性。

大家可能会在实际应用中为不同的场景使用不同的解决方案，这完全取决于当前网络的需求以及对提高收敛速度与增加复杂性之间关系的看待方式。但不管怎样，加快响应速度、预计算以及隧道方案都会给作为系统的网络增加一层互连实体、一组交互面以及一组不确定点。虽然每种解决方案在交互面上看起来都似乎非常简单，但是在试图快速收敛时都会导致复杂性快速增加，此时必须要做好权衡决策。

快速收敛的努力会有终点吗？我们可以从另一个角度来看待这个问题，从本质上来说，网络一直都在满足人们的期望，网络工程师所面临的最大问题就是这种期待似乎永无止境——无论收敛速度快到何种程度，总是能够做到更快。正如本章开头所说的那样，电子邮件和文件传送在控制面收敛速度适中的情况下就能很好工作，而语音和视频对网络的要求就高得多，股票市场的高频交易以及实时医疗应用对网络收敛速度的要求甚至达到了严苛的程度。随着机器间通信以及其他相关应用的大范围部署，可能会要求网络收敛速度不断提高，直至达到提高网络控制面收敛速度的极限。也就是说，提高网络收敛速度的道路可能永无止境。

5.4   虚拟化与设计复杂性

虚拟化是网络世界的"常新"技术。在帧中继首次提供虚电路时，虚拟化是新技术；在首次提出 ATM（Asynchronous Transfer Mode，异步传输模式）时，虚拟化是新技术；在首次提出以太网 VLAN 时，虚拟化是新技术；等到 MPLS（最初称为标签交换）出现时，虚拟化仍然是新技术，而且在未来，虚拟化依然是新技术。为什么虚拟化是网络工程领域的热门和常青树话题呢？因为它提供了一种隐藏信息的方法（有关信息隐藏的详细内容可参见第 6 章），允许网络操作人员以非常简单的方式解决复杂问题。为了更好地理解虚拟化技术的原理，下面将以图 5.13 为例介绍一个简单案例。

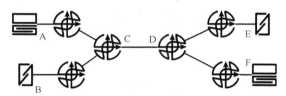

图 5.13   虚拟化案例

假设希望主机 A 与主机 F、主机 B 与主机 E 可以进行相互通信，但主机 A 与主机 B、主机 A 与主机 E、主机 B 与主机 F 以及主机 E 和主机 F 不能进行相互通信。当然，我们可以在网络中的所有接口上都部署过滤器来确保流量只能在规定的主机之间进行传递，不能在禁止通信的主机之间进行传递，但这样做需要花费大量的管理和配置工作。更简单的做法是创建两个虚拟拓扑结构，仅允许每个虚拟拓扑结构内的设备之间进行通信，然后再将相应的主机组添加到每个虚拟拓扑结构中即可。

对于本例来说，我们可以将主机 E、主机 E 的上游路由器 D、链路[D,E]、主机 B 的上游路由器 C、链路[B,C]以及主机 B 添加到一个虚拟拓扑结构中，将主机 A、主机 A 的上游路由器 C、链路[A,C]、主机 F 的上游路由器 D、链路[D,F]以及主机 F 添加到另一个虚拟拓扑结构中。只要我们有办法沿着链路[C,D]将两个拓扑结构分开，就能让每个拓扑结构看起来都像自己的"网络"，从而通过这两个相对独立的拓扑结构承载不同的流量。

进一步思考：利用虚拟拓扑结构提供安全防护能力

即使从安全性的角度也可以看出，本例对大量使用的虚拟化网络做了过度简化。现实世界中经常看到的场景就是从私有服务器（如数据库服务器或提供业务逻辑服务的服务器）

中分离出可公共访问的服务器和服务（如公共 Web 服务器）。此时可以将应用分解成多个组件，为提供公共访问服务的组件使用公共地址池中的地址进行编址，对那些不应该提供公共访问服务的组件则采用私有地址池中的地址进行编址，做到极致的话就可以创建很多只能通过网络进行通信的微服务[1]（microservices）（即非常小的服务，每种微服务都有各自的专注点）。对于这类服务的接口，不仅要从公共访问的角度加以保护，而且还要从内部用户的角度加以保护。将微服务概念扩展到其他领域，就可以利用微分段（microsegmentation）机制将单个网络划分成多个虚拟拓扑结构，仅在用户和应用需要访问这些虚拟拓扑结构中的服务时才能访问这些拓扑结构。与上面的案例相似，这种方式提供了一种可选的安全机制，不仅能防范未经授权的访问行为，而且还能防止内部或外部攻击者非法访问提供关键服务的进程。

由于虚拟化设计模式可以节约大量地址空间，而且可以将大范围的故障域分解成多个小范围故障域，因而具有很好的扩展性。

虽然这个案例有些过于简单，但仍然展现了大多数虚拟化部署方案的精髓，也就是创建虚拟拓扑结构的能力，从而可以将配置大量过滤器的复杂性转移为控制面和数据面的复杂性。

虽然使用虚拟化技术的理由千变万化，但都可以归结为某种形式的复用能力，包括应用程序之间、用户组之间、用户之间以及其他任何形式的复用。虽然虚拟化的形式也是多种多样，但都归结为同一个概念：在数据包头部加入外层标签、隧道报头或其他形式的标签，以分隔不同的拓扑结构。下面就从这种简化视角来分析虚拟化机制的权衡问题。

5.4.1　功能分离

虚拟化允许网络操作人员将单个问题分解成多个小问题，然后再逐一解决这些小问题。例如，与其花费大量精力管理数十个应用的服务质量以及成百上千条不同的流量流，还不如将各类应用分门别类配置到不同的虚拟拓扑结构中，然后再分别管理这些虚拟拓扑结构之间的配置信息。从本质上来说，这种功能分离的概念一直存在于我们设计协议、设计分层网络以及以单元为基础（而不是作为一个整体）开展软件测试等工作之中。功能分离是一种非常重要的简化工具，而虚拟化则是一种能够提供功能分离机制的良好的、久经考验的方法。

不过，由于将层和问题分解成多个组件会增加交互面的数量，从而产生更多的复杂性。此外，分解后的组件还会在新模块与现有模块之间创建一组交互点。回到前面的服务质量

---

1 如果希望了解微服务的更多信息，可参阅 Sam Newman 编著的《Building Microservices（第一版）》，(O'Reilly Media, 2015).

案例，虽然需要管理的流量流及应用程序变少了（利用虚拟化技术进行了一定程度的组合），但是也带来了一些需要解决的新问题。

- 应该将每个虚拟拓扑结构都视为单个"服务等级"或者为每个虚拟拓扑结构都设置多个令牌桶或多种服务等级吗？

- 如果每个虚拟拓扑结构都需要多个服务等级，那么如何表示这些服务等级？将服务质量信息从"内层"报头复制到"外层"报头就可以了吗？是否需要在"内层"与"外层"服务质量信息之间执行某种形式的映射操作？

- 不同虚拟拓扑结构之间的不同服务等级如何交互？应该将所有"黄金"级服务都集中到底层传输网络中的同一个级别中吗？还是应该为不同的拓扑结构设置不同的优先级（为什么）？如果每个拓扑结构都代表一个不同的客户，那么就必须解决这个问题。如果两个客户都购买了"黄金"级服务，那么在链路或路径出现拥塞以至于无法为这两个客户维持"黄金"级服务质量时，网络该如何处理呢？一个客户的优先级应该低于另一个客户吗？两个客户都要经受降级处理吗？应该根据规模或客户价值在"黄金"级服务中设置不同的级别吗？这些都是很难回答的问题。

5.4.2　转发面复杂性

转发面相对比较简单，因为网络中的每个包转发设备都只要检查少量报头比特、标签或标记，以确定通过哪条链路转发数据包即可。当然，另一种方式是以每个主机为基础，设置一组非常明确的过滤器，转发设备必须检查这些过滤器以做出相同的转发决策。考虑到维护和查找这类列表的复杂性，通常采用报头比特或外层报头这类更简单的方案来解决流量分离问题。

不过从另一个角度来看，转发面有时显得更为复杂，因为对于所有允许进入网络的流量来说，必须为每个数据包分配一组比特、标签或外层报头，等到这些数据包离开网络时还要剥离这些相同的信息比特。

5.4.3　控制面复杂性

虚拟化技术降低控制面复杂性的方式是将通常由单个控制面承载的可达性、拓扑结构以及策略信息分散到多个控制面中，使得虚拟协议栈中的各个控制面都变得比较简单。但是这种情况下的网络整体复杂性如何呢？可以肯定的是，在控制面上叠加多个控制面，会在以下方面增加网络的复杂性。

- 增加状态总量。影响多个拓扑结构的链路和节点的状态必须承载在多个控制面中。

- 增加变化速度。虽然实际的变化速度可能保持不变，但是变化的报告速度（该组控制面中的信息流速率）肯定会大幅增加。

- 增加网络中的交互面数量。此时的多个控制面（每个控制面都运行在各自的定时特性及收敛特性上）必须运行在一组相同的拓扑结构信息上。虽然可以利用Wait-for-BGP 等解决方案来管理这些控制面的交互关系，但不可避免地又引入了更多的状态复杂性。

Wait-for-BGP（等待 BGP）解决方案

Wait-for-BGP 是一种非常好的管理两个控制面之间交互关系的解决方案，两个控制面均以虚拟化方式运行在对方之上（由 BGP 承载全局可达性，IGP 承载本地可达性，构成某种形式的虚拟化）。图 5.14 给出了 IGP 与 BGP 之间的交互关系以及 Wait-for-BGP 提供的解决方案。

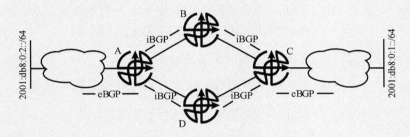

图 5.14 Wait-for-BGP 解决方案

对于本例来说，首先分析 2001:db8:0:2::/64 与 2001:db8:0:1::/64 之间经由[A,B,C]的最佳路径。请注意，对于 iBGP 来说，从路由器 A 的角度来看，2001:db8:0:1::/64 的下一跳是路由器 C 面向云端的接口，而不是云内或云外的某个位置或路径上的最后一台路由器（与目的端直连）。此外，2001:db8:0:1::/64 对于底层 IGP 来说是不可达目的端，路由器 A、B 和D 去往该目的端的唯一路径就是通过 BGP。

如果路由器 B 出现了故障，那么 IGP 将会快速发现经由路由器 D 去往路由器 C 的新路由。路由器 A 去往下一跳的路径将变为[A,D,C]，而不再是[A,B,C]。由于路由器 B 和路由器 D 上的 BGP 进程通过 BGP 知道了去往 2001:db8:0:1::/64 的可达性，因而路由器 A 将路径切换到路由器 D（BGP 下一跳）之后，对于流量转发来说没有任何影响。

不过，路由器 B 恢复正常之后就有问题了。此时的 IGP 将快速重新计算路由器 A 与路由器 C 之间的路径，并将这两台路由器之间的流量切换回经由路由器 B 的路径。但 iBGP 的收敛速度没有这么快，在路由器 B 通过与路由器 C 之间的 iBGP 对等会话重新学到去往2001:db8:0:1::/64 的路由之前，需要一定的时间。在这段时间内，如果路由器 A 使用经由路由器 B 的路径去往 2001:db8:0:1::/64 的下一跳，而路由器 B 又处在 iBGP 重新收敛状态，那么路由器 B 就会收到不知该如何转发的流量，从而丢弃这些流量。

为了解决这个问题，大多数主流路由器厂商都开发了一种功能特性，允许路由器 B 上的 IGP 在朝向路由器 A 的方向向路由器 C 宣告可达性之前，等待本地 BGP 进程告知其已经完成收敛过程，即等待 BGP。该功能特性通过延缓网络中运行的两个控制面中的一个控制面的运行速度，让另一个控制面能够赶上节奏，这样就可以避免数据包在穿越 BGP 网络时出现大量丢包。

5.4.4 风险共担链路组

SRLG（Shared Risk Link Group，风险共担链路组）可能是最容易理解的虚拟化结果，但也往往是最难以记忆且最难以在网络设计和网络部署过程中应用的技术。事实上，有时 SRLG 根本就无法发现潜在风险，直至这些风险演变为重大网络故障。从本质上来说，只要两条虚拟链路共享同一个物理基础设施，就能形成 SRLG。例如：

- 运行在相同帧中继链路/节点上的两条不同的电路；
- 运行在相同物理以太网链路或相同交换机上的两个不同的 VLAN；
- 运行在相同物理计算及存储资源集上的两个不同的虚拟进程。

很多时候 SRLG 都被虚拟层所掩盖，以至于很少有设计人员能够意识到它们的存在或影响。有时 SRLG 也会被服务合同或分包合同所葬送，两个主服务提供商将用户租赁的冗余电路都调度到共享同一条光缆的单台设备上，或者两个托管服务商都通过同一个数据中心提供冗余，此时就要需要网络设计人员自己找到这类冗余服务产品（因为很少有服务提供商能够协助确定哪些设备是共享设备，哪些设备不是共享设备）。

5.5 最后的思考

由于设计复杂性并不总是那么明显，因而设计人员难以全面考虑或处理设计复杂性问题。事实上，由于网络运行结果总是难以预料（面对难题时因无法解决或去除复杂性而带来的负面效应），因而大量设计问题总是困扰着大家，难以解决。下一章将讨论有助于网络工程师在设计复杂性与其他因素之间做出权衡决策的多种有用工具。

第 6 章

管理设计复杂性

上一章详细讨论了网络工程师和架构师们在设计拓扑结构和网络控制面时必须考虑的各种权衡因素。那么网络工程师该如何管理这些权衡因素（如控制面状态与迂回度、拓扑结构与收敛速度以及虚拟化与设计复杂性）呢？应该优选某种解决方案（如虚拟化）而次选其他解决方案（如 SRLG）吗？事实上，这些都是网络工程领域最难回答的一些问题（可能还有更多问题），因为它们根本就不像表面看起来那样容易决策。

本章将分析网络工程师管理这些权衡决策时的一些方法（包括传统方法和一些新方法），主要包括以下三类：

- 模块化（隐藏信息）；
- 信息隐藏（作为管理控制面状态的潜在解决方案）；
- 模型与可视化工具（作为与虚拟化及风险共享机制协同工作的方法）。

6.1 模块化

模块化是一种在网络设计和工程领域得到长期使用、不断尝试且真实有效的方法。下面将考虑一些模块化设计的案例，然后再分析模块化设计模式对复杂性问题的解决方式。

6.1.1 一致性

一致性是网络设计人员和工程师们降低网络复杂性的常用方法之一。下面将讨论一些常见的实现机制及其权衡决策。

1．统一的供应商

对于企业或网络运维团队来说，为了减少网络中的接口类型和实现复杂性，从而简化培训量以及配置新节点、开展故障排查等工作所需的技能要求，通常都会在全网部署同一个供应商的设备。

如果选择这种方式来控制设计复杂性，那么就必须考虑以下权衡问题。

- **供应商套牢问题**：如果在全网都选用单一供应商的设备，那么整个网络的硬件和软件更新周期将受到该供应商的限制。除非拥有极强的自控能力，否则供应商将最终控制网络的架构（无论对企业是否有利）。

- **成本问题**：使用单一供应商将不可避免地面临价格高企的问题，因为该供应商没有任何竞争。

- **一元化故障问题**：使用单一供应商的设备（运行单一操作系统和单一应用程序集）就存在一元化问题，一元化会导致所有网络设备都共享相同的故障模式。如果网络中的某台设备无法有效应对特定场景，那么网络中的所有设备也都将如此，使得小问题最终演变成严重的一元化故障问题。

2．统一的硬件

在整个数据中心交换矩阵中使用完全相同的物理交换机是保持一致性的方法之一。根据 Charles Clos 在 1952 年提出的理论，采用 Spine-and-Leaf 方案的最初目的是希望利用最少的相同规格的交换机构建大型交换架构（如图 6.1 所示）。

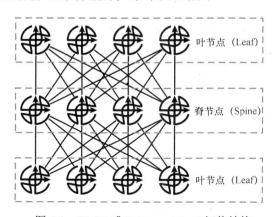

图 6.1　CLOS 或 Spine-and-Leaf 拓扑结构

假设图 6.1 中的每个叶节点到负载都只有 4 条连接，CLOS 矩阵中的每台交换机的接口数量均相同（8 个），且使用单一设备类型。由于每台交换机有 8 个接口，因而一共可以互连 32 台设备（内部连接，即不连接外部网络）。事实上，这种结构的设计初衷是希望整合小型、同规格交换机的交换能力，以提供互连大量设备的能力。按照这种方式在数据中心使用单一类型的设备，不但可以最大限度地减少运营商的备件数量，而且还能在更换故障设备或链路硬件时最大程度地减少配置和管理工作量。

> 注：
>
> CLOS 矩阵看起来与传统的分层以太网或 IP 网络设计方案相似，特别是将叶节点全部画在同一侧时更是如此。不过，两者之间还是存在很多差异的。例如，Spine-and-Leaf 拓扑结构（或矩阵）中的任意两个叶节点或两个脊节点之间都不存在交叉连接，这就意味着矩阵中不存在拓扑结构环路（穿越叶节点除外）。如果叶节点被配置为不能将从连接脊节点的接口上接收到的流量转发回其他脊节点，那么这种 Spine-and-Leaf 设计方案就不存在拓扑结构环路。该特性可以大大简化网络设计工作，只要增加更多的脊节点和叶节点就能实现容量的灵活扩展，而且还能简化控制面的处理需求。

但现实因素却使得这种试图降低复杂性的尝试比表面看起来更加困难。例如，设备模型会随着时间的推移而发生变化，因而必须考虑网络中安装的设备的生命周期。撇开理论不说，在所有位置都使用单一设备是极其困难的（即使是在单个数据中心交换矩阵内部），脊交换机的端口需求量通常要多于架顶交换机，而这种胖树（Fat Tree）设计方案则要求设计人员必须在多台廉价且配置固定的设备与较为昂贵的刀片式或插槽式设备之间做出选择。

3．统一的控制与管理

部署这种解决方案时也要考虑一些权衡决策问题。举例如下。

- 出于利益驱动，供应商通常都更加关注设备的功能特性，而较少关注管理接口。这意味着管理接口的能力通常要远远落后于网络产品上的新协议或新功能特性。

- 供应商通常不愿意支持标准化接口（至少在某种程度上），因为支持标准化接口就意味着很容易替换供应商。事实上，标准化接口会让设备成为更普通的商品。

- 标准化组织在制定协议的新功能特性或扩展功能时的进度通常都很慢。如果网络运营商等待新想法完成标准化，或者至少看起来将以某种形式进行标准化，那么很有可能会失去竞争优势。

当然，人们可以利用各种工具（如网管系统和 Puppet 等开源工具）来屏蔽接口的差异性，通过 Thunk 或硬件抽象层找到一组公共的功能特性集。不过，使用这些工具时请务必注意抽象泄露问题。

抽象泄露定律（The Law of Leaky Abstractions）

什么是抽象泄露？2002 年 Joel Spolsky 在其博客 *Joel on Software*[1]中提出了抽象泄露定律。抽象泄露定律假设"所有的重大抽象机制在一定程度上都存在泄露问题。"Joel 以 TCP 为例解释了抽象泄露问题。TCP 实际上是对底层 IP 连接的抽象，其设计目的是在不可靠路径上仿真出一条面向连接的端到端链路，但问题是，作为抽象的 TCP 本身就是一种泄露。

可以通过两种方式来了解抽象泄露的影响。第一种方式是要意识到，不管 TCP 如何以看似面向连接的链路来屏蔽底层网络，它仍然是底层无连接、不可靠链路的产物。如果利用 TCP 传输数据的软件出现了抖动等情况，那么就必须做出处理决定：缓存流量以便让用户能够得到从端到端无损连接上获得的期望体验，或者断开连接并重新启动，或者部署其他策略。当然，所选择的特定策略与应用程序相关，但应用程序无法像 TCP 连接那样运行（TCP 连接是两台主机或两台设备之间真正的端到端连接），因而应用程序开发人员必须了解 TCP 会话的底层 IP 网络的相关信息，这样一来抽象就出现了泄露。

第二种了解 TCP 抽象泄露影响的方式是考虑 TCP 会话出现故障后的反应。如果 TCP 是真正的端到端连接，那么工程师在排查故障时就能将故障范围限定在 TCP 机制方面，包括定时器、窗口、数据调度以及其他 TCP 用于传送信息的技术。不过对于现实网络来说，排查 TCP 故障的工程师们还必须深入处理 TCP 与 IP 之间的交互、IP 本身、IP 与下面的物理层之间的交互、设备转发 IP 流量的队列机制以及负责调度 IP 流量的控制面等诸多问题。由于存在抽象泄露问题，因而不可能在任何时候都将 TCP 视为端到端的无损连接。关键在于何时能够将 TCP 视为端到端的无损连接，何时不能将其视为端到端的无损连接以及如何管理这些例外情况。

网络管理领域（特别是设备级）也存在相同的问题，可以为所有设备建立一个描述所有不同配置可能性以及所有不同操作模式的抽象。但此时需要面对两个问题：首先，构建完整列表会破坏抽象本身的意义；其次，无论抽象多么完整，也肯定会存在抽象泄露。此外，工程师通过抽象来理解实际设备的真实配置并调整配置以便让设备按照工程师的期望进行操作，将会非常费时间。

抽象泄露的问题在于，泄漏的抽象越多，抽象的作用就越低。例如，在某些情况下，通过设备模型（如 YANG）来理解设备的配置方式比直接使用原生配置命令更加难以理解。当然，尽可能地使用抽象机制并让自己的工作与抽象机制相匹配（而不是简单地为了抽象而抽象），是一个规则问题。最后，需要在为保持抽象"彻底"而花费大量时间与简单完成

1　Joel Spolsky 在博客 Joel on Software 上发表的 "The Law of Leaky Abstractions"，最后修改日期为 2002 年 11 月 11 日，http://www.joelonsoftware.com/articles/LeakyAbstractions.html。

工作之间做出权衡取舍，如果由于抽象泄露而导致人们必须花费大量时间和精力来处理抽象问题，那么最终结果就是增大了复杂性，而不是降低了复杂性。

4．统一的传输系统

一个比较容易被忽略的网络复杂性领域就是部署在现实网络中的大量传输系统。大家是否还记得早期以 IP 为核心的网络模型，IP 直接运行在各种传输电路上，而各种应用则运行在 IP 之上？目前的网络则部署了大量重叠模型，拥有各种隧道及传输系统（如图 6.2 所示）。

这种相互交叠的传输系统存在很多有意思（且难以管理）的功能特性。

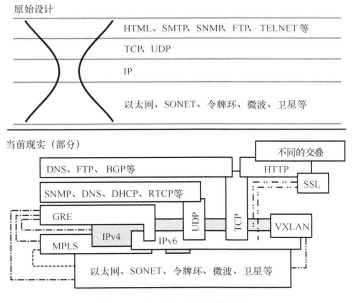

图 6.2　相互交叠的传输系统

- 有些上层协议严重依赖底层协议所包含的信息以及生成的状态。例如，很多上层应用都依靠 IP 地址作为特定系统连接网络的标识符（虽然 IP 地址实际上是一种定位符）。

- 有些上层协议可以携带底层协议，创建复杂的重叠堆栈。虽然 VxLAN（Virtual Extensible Local Area Network，虚拟可扩展局域网）隧道依赖于 IP，但实际承载的却是以太网帧；IPv4、IPv6 和 GRE（Generic Routing Encapsulation，通用路由封装）隧道（包括由 GRE 隧道承载的 MPLS）则通常都承载在 VxLAN 之上。

- IPv4 和 IPv6 可以作为并行的网络协议同时运行，都有自己的控制面或独立的控制面。

这些协议都是泄露的抽象，按照上述方式叠加在对方之上，以"堆栈环"的方式（如 Ethernet over VXLAN over IP over Ethernet）设计和部署协议时更是如此，导致每种抽象的泄露都出现交叠，从管理和故障排查的角度来看则显得杂乱无章。此外，图 6.2 中的每对协议都代表了系统中的一种交互面。

如何解决这种相互交叠的传输系统问题呢？一种可能的解决方案就是减少网络中运行的传输系统数量。设计人员应该尽力选择尽可能少的协议种类（包括 overlay 和 underlay），通过这些协议支持所有应用和所有需求，这样就必须在支持特定应用或特定系统方面做出权衡。但是与降低复杂度的收获相比还是非常值得的，因为这样做可以缩小 MTTR、减少控制面状态并优化其他指标。以 MPLS 为例，单纯的 MPLS 部署方案可以在单一传输系统上以完全虚拟化的方式支持以太网、IPv4 和 IPv6 虚链路。对于同样的问题来说，部署 IPv4/IPv6 双栈机制以及二层虚拟化 VxLAN 技术则属于相对较为复杂的解决方案。

需要记住的是，不能仅仅因为某些协议可用，就必须在网络中部署这些协议。

从 MPLS 也可以看出传输系统标准化所存在的问题。企业级或数据中心级设备通常并不支持（或者支持成本较高）MPLS 能力，因为 MPLS 在传统意义上属于"服务提供商解决方案"，而且设计偏见有时会让我们根据解决方案的意义（而不是真实用途）来选择最终解决方案，最终使得网络变得越来越复杂，而不是越来越简单。

6.1.2　可互换模块

从设备层面来看，使用单一供应商的产品，或者以更彻底的方式使用同一型号的设备（如前面的数据中心交换矩阵案例），可以通过这种统一性来降低复杂性。同样的原理也适用于网络层面，可以将网络中的不同模块进行归类，然后尽可能地为每个模块使用相同的设备，例如，可以将网络细分成一组更小的拓扑结构：

- 园区网络；
- 数据中心；
- PoP（Point of Presence，网络接入点）；
- 核心层网络。

对于每类这样的"地点"来说，需要确定一组角色以及这些角色的需求。对于 PIN（Places In the Network，网络地点）中的每种角色来说，可以部署单一网络拓扑结构以及支持该角色所有需求的单一配置，需要遵循的规则如下：

- 保证每类"网络位置"的每个实例的配置及部署方案在时间和地点上均相同；

- 尽量减少"网络位置"以及各种角色的数量。

这样一来，就能大大减轻网络模块在设计、部署、管理以及故障排查等方面的工作量。

数据中心内部通常也采用这种"POD"或"模块"思维。将数据中心内的每组机架都视为一个模块单元，数据中心的扩展以单元（而不是设备）为基础，对单元进行升级或替换（而不是各台设备）。当然，与以往一样，这种可互换模块设计方式也存在很多问题。

首先，网络中经常不存在可互换组件。尽管网络管理员做了大量工作让每个模块都相同，但是由于本地条件、时间的变化以及工作内容等因素都与一致性产生矛盾，在设备商更换设备或者设备线卡时，很快就会发现难以在大量相同的模块之间保持一致性，这也是互连不同 PIN 时存在的一个典型问题。例如，如果要升级不同 PIN 之间的连接带宽，那么就得修改整个网络中的所有 PIN，此时通常就很难维持模块化。

其次，可互换模块思想背后通常都隐藏着"PIN 综合症"问题，模块成为所有网络设计及网络操作的焦点。将网络视为一个整体或者一个系统来考虑，有点儿像通过选择很多想要的各种房间来建造房屋，然后再选择连廊将这些房间连通起来。从住在房子中的人的角度来看，这种方式可能非常好，但是对于试图为客户盖房子的建造者来说则面临了大量现实困难，而且维护工作也极其困难。

> **注：**
> 有关 PIN 的详细信息可参阅本章后面的"PIN 模型"一节。

6.1.3 模块化解决复杂性问题的方式

网络工程师们常常将模块化与层次化网络设计以及路由聚合混为一谈，但实际上并不是一回事。层次化网络设计主要以模块化为基础，但并不是所有的层次化网络设计都采用模块化方式，也不是所有的模块化网络都具备层次化特性。同样，虽然聚合通常依赖于模块化，但是也完全可以构建一个不聚合任何信息的模块化网络。如果模块化的要点不在于聚合以及层次化，那么模块化机制以及前面给出的各种案例（包括统一的硬件、统一的管理、统一的传输以及可互换模块）真的能影响网络设计的复杂性吗？

虽然真正的模块化设计一般都能减少状态的数量，但模块化设计本身并不能真正地减少状态。对于速度来说也是如此，虽然模块化设计有可能降低信息在控制面中的传播速度，但是它并不能直接影响网络的运行速度。

这样看来，交互面就是模块化机制降低网络设计复杂性的主要手段了。实际上，模块化是通过将网络划分成多个较小的模块，来减小网络的交互面大小的（如图 6.3 所示）。

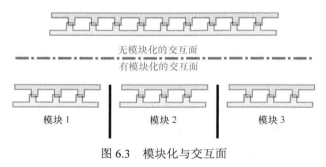

图 6.3   模块化与交互面

6.2   信息隐藏

就本质而言，模块化可以通过减小交互面的大小来降低网络的复杂性（从管理和控制面的角度来看），但是如上所述，模块化并不能真正地解决网络复杂性的状态问题或速度问题。不过模块化具备信息隐藏能力，而信息隐藏就能直接解决状态与速度问题。下面就来看看网络设计领域常常使用的两种信息隐藏机制：聚合和虚拟化。

6.2.1   聚合

聚合是目前网络中最常见的信息隐藏形式。网络设计领域最常见的聚合方式有两种（两者的效果完全相同）：隐藏拓扑信息以及汇总可达性信息。理解这两种聚合方式区别的最简单方法就是分析链路状态协议（如 IS-IS）中的聚合机制（如图 6.4 所示）。

图 6.4 的配置信息为：路由器 A 和 B 位于 Level 2 泛洪域中，路由器 B、C、D 和 E 位于 Level 1 泛洪域中。那么路由器 B 在其 Level 1 IS-IS 拓扑结构数据库中看到的是什么信息？路由器 A 在其 Level 2 IS-IS 拓扑结构数据库中看到的是什么信息？

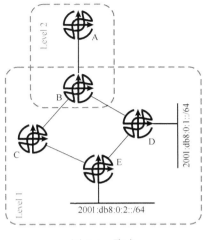

图 6.4 聚合

路由器 B：

- 2001:db8:0:1::/64 连接到 D

- 2001:db8:0:2::/64 连接到 E

- Router B => Router D

- Router D => Router B

- Router E => Router D

- Router D => Router E

- Router E => Router C

- Router C => Router E

- Router C => Router B

- Router B => Router C

- Router B 连接到 Level 2 路由域（在 Router B 的 LSP 中设置连接位）

路由器 A：

- 2001:db8:0:1::/64 通过 Router B 可达

- 2001:db8:0:2::/64 通过 Router B 可达

- Router A => Router B

- Router B => Router A

从上述输出结果可以看出两者的主要区别如下:

- 两个可达子网的连接点与路由器 B 的路由信息相关联(而不是路由器 D 和 E);

- 路由器 B、C、D 和 E 之间的链路都已经从拓扑结构数据库中删除了。

通过将 Level 1 泛洪域中所有可达目的端都连接到 Level 1/Level 2 泛洪域边界,路由器 A 就无需知道 Level 1 拓扑结构的内部细节信息。事实上,在链路状态路由协议(如 IS-IS)中创建多个泛洪域的目的就是为了防止"外围"泛洪域的拓扑结构信息进入"核心"泛洪域(即从 Level 1 泛洪域进入 Level 2 泛洪域)。此后,路由器 B 将聚合拓扑结构信息(携带可达目的端以及到达这些目的端的开销等信息),而不是将 Level 1 洪泛域中的每对路由器之间的链路状态传递给路由器 A。对于本例来说,聚合拓扑结构信息都实现了哪些功能呢?主要有两点。

- 通过删除 Level 1 泛洪域中来自 Level 2 泛洪域中的链路信息,聚合拓扑结构信息减少了控制面携带的状态数量,从而减小了拓扑结构数据库的大小以及 SPF 算法所要计算的树大小。

- 通过删除 Level 1 泛洪域中来自 Level 2 数据库的链路状态信息,聚合拓扑结构信息可以降低信息在控制面中的传播速度。路由器 A 并不关心路由器 D 与路由器 E 之间的链路状态,只要从路由器 B 的角度来看,可达目的端保持不变即可。为了防止拓扑结构信息流入 Level 2 的链路状态拓扑结构数据库,聚合操作会降低更新速度,从而降低路由器 A 对这些更新的响应速度。

如果配置路由器 B 以聚合连接其 Level 1 泛洪域的可达性信息,那么就能实现进一步的聚合操作。对于本例来说,可以将两条路由 2001:db8:0:1::/64 和 2001:db8:0:2::/64 聚合为单条更短的前缀路由 2001:db8::/61。经过这样的聚合操作之后,查看路由器 A 的拓扑结构数据库,就可以发现此时的拓扑结构数据库变得更小了。

- 2001:db8::/64 通过 Router B 可达

- Router A 连接到 Router B

- Router B 连接到 Router A

接下来仍然从状态和速度两个维度来分析路由聚合问题。

- 通过将两个可达目的端减少为一个可达目的端,聚合可达性信息减少了控制面所承载的状态数量。

- 通过删除 Level 1 泛洪域中的两个独立可达目的端的信息,聚合拓扑结构信息减少了信息在控制面中的传播速度。无论 2001:db8:0:1::/ 64 或 2001:db8:0:2::/64 的状态如何，2001:db8::0/61 的状态始终保持不变。

与其他抽象机制相似，路由聚合也存在很多权衡取舍问题（一如既往，没有免费的午餐）。上一章花了大量篇幅来讨论路由聚合机制对迂回度的影响，虽然这里不会重复讨论这些内容，但大家必须记住这一点。除了迂回度之外，网络工程师们还应该记住，路由聚合机制也同样遵循抽象泄露定律（如前所述），那么聚合机制是如何泄露的呢（如图 6.5 所示）？

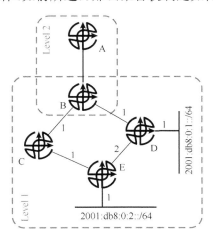

图 6.5　聚合机制的抽象泄露示意图

图中的路由器 B 被配置为将 2001:db8:0:1::/64 和 2001:db8:0:2::/64 聚合为 2001:db8::/61，并使用两条成员路由中的最小度量值。对于本例来说，度量值将取自路径[B,D]，因而聚合路由的度量值为 2。但是，如果路由器 B 和路由器 D 之间的链路出现了故障，那么成员路由中的最小度量将变成路径[B,C,E]，即度量值为 3。也就是说，如果链路[B,D]出现了故障，那么聚合路由的度量值将从 2 变为 3。因此，该抽象行为通过聚合路由泄露了拓扑结构信息。当然，我们完全可以堵住该泄露行为，但是需要记住的是，这里采用的任何解决方案都存在相应的权衡取舍问题。

6.2.2　故障域与信息隐藏

如果不讨论故障域，那么有关信息隐藏的话题就不能算作完满。虽然聚合与虚拟化都能限制故障域的范围，但什么是故障域？故障域与复杂性之间的关系是什么？下面将首先说明故障域的定义，然后再详细分析故障域与复杂性之间的关系（如图 6.6 所示）。

前述 IS-IS 网络中的路由器 B 被配置为将 2001:db8:0:1::/64 和 2001:db8:0:2::/64 聚合为单条路由 2001:db8::/61，然后再宣告到 Level 2 泛洪域中（朝向路由器 C）。由于 2001:db8:0:8::/64

不在聚合路由范围内，因而被原封不动地宣告到 Level 2 泛洪域中。利用该配置可以构建一个高层视图，了解在网络中选择路由器的数据库与这三条路由之间的关系。

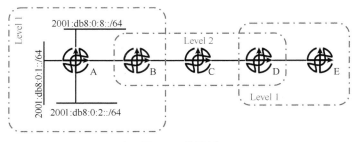

图 6.6   故障域

路由器 B，Level 1 数据库：

* Router B 连接到 Router A

* Router B 连接到 Level 2 泛洪域

* Router A 连接到 Router B

* Router A 连接到 2001:db8::/64

* Router A 连接到 2001:db8:0:2::/64

* Router A 连接到 2001:db8:0:8::/64

路由器 B、C 和 D，Level 2 数据库：

* Router B 连接到 Router C

* Router C 连接到 Router B

* Router C 连接到 Router D

* Router D 连接到 Router C

* Router B 连接到 2001:db8::/61

* Router B 连接到 2001:db8:0:8::/64

路由器 E：

* Router D 连接到 Router E

* Router E 连接到 Router D

* Router D 连接到 Level 2 泛洪域

分析网络中不同位置的链路状态数据库的高层视图后，可以看出：

- 如果 2001:db8:0:1::/64 或 2001:db8:0:2::/64 与路由器 A 断开了，那么只有路由器 A 和路由器 B 需要重新计算它们的 SPT；

- 如果 2001:db8:0:8::/64 与路由器 A 断开了，那么路由器 B、C 和 D 需要重新计算它们的 SPT。

因此，隐藏信息可以减少网络拓扑结构发生变化后需要重新计算其 SPT 的路由器数量。事实上，这可能就是目前关于故障域的最好定义：

故障域就是网络拓扑结构发生变化或者可达性信息出现变化之后，必须与控制面进行交互的一组设备。

根据上述定义，如果 2001:db8:0:2::/64 与路由器 A 断开了，那么故障域将仅包含路由器 A 和 B。对于本例来说，路由器 C、D、E 不在该故障域之内，因为它们的控制面信息没有发生变化。因此，通过聚合机制隐藏了信息之后，可以有效缩小故障域的范围，从而减小控制面中的交互面范围以及控制面接收新信息的速度。

需要注意的是，故障域并不是一条可以沿着网络特定区域画出的"实线"，有些信息（如前面的聚合路由的度量值变化案例所述）始终会通过隐藏信息的网络位置向外泄露（参见前面的抽象泄露定律），因而所有的网络都存在大量不同的交叠故障域。

6.2.3 关于信息隐藏的最后思考

通过某种机制实现信息隐藏能力是网络设计人员处理复杂性的最佳工具之一，通过在模块之间隐藏信息，可具有如下好处。

- 可以减少控制面承载的状态数量。聚合机制可以清除可达性信息和拓扑结构信息、减少控制面承载的信息总量。虚拟化机制（详见本书最后一章）可以将拓扑结构信息以及可达性信息分布到多个控制面中，每个控制面都只要管理全部网络状态的部分子集即可。

- 可以降低控制面接收信息的速度。例如，聚合机制通过彻底删除状态信息（拓扑结构）或利用较稳定的状态信息（汇总可达性信息）来代替不稳定的状态信息，从而降低控制面承载的信息的处理速度。虚拟化机制通过在多个控制面之间扩散变化信息来降低控制面中的信息变化速度（需要记住的是，虚拟化机制对控制面操作速度的影响程度小于聚合机制）。

- 通过模块化机制将交互面限定在聚合点，在网络中创建"扼制点"，从而限制不同控制面之间的交互位置。虚拟化机制通过将指定应用或客户绑定到特定逻辑拓扑结构上来减小交互面的大小，从而将每组应用都视为与网络上运行的其他应用完全独立。当然，虚拟化的作用并不像聚合机制那么直接，因为虚拟拓扑结构之间也需要进行交互，从而在网络中创建了其他形式的交互面。

6.3   模型

模型并不是一种处理复杂性问题的网络工具，而是一种对网络中发生的事件进行分类和抽象的方法。大多数网络工程师都非常熟悉七层模型和四层模型，这些模型都是对协议操作进行抽象的好模型。好的模型对于理解整个网络的部署与操作或者理解网络与应用的操作来说都非常有用，不是吗？因而本节将首先讨论三种不同的模型，最后再讨论一种建模语言。

6.3.1   瀑布模型

瀑布模型并不是网络操作模型，而是一种流量流模型。该模型的理论基础是所有的路由和交换协议在本质上都是构造一棵源自目的端的树，并扩展到所有可用源端。图 6.7 给出了瀑布模型示意图。

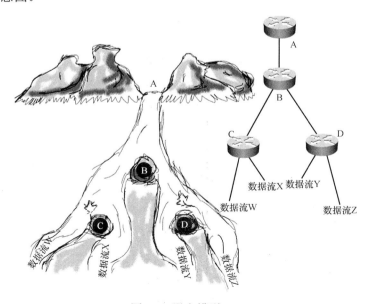

图 6.7   瀑布模型

瀑布模型显示了数据流在每台网络设备处的分流情况。单条数据流可以变成一组数据流，一旦网络中的数据流进行分流之后，就无法重新合并为单条数据流，除非冒着网络拓扑结构出现环路的风险。为了理解瀑布模型与网络建模之间的关系，下面将讨论瀑布模型中的生成树与路由操作之间的差异。

生成树可以构造一棵由每对源端和目的端共享的大型树。单一树就意味着所有流量都必须"沿着瀑布向上"到达顶端，然后才能沿着水流方向流向真正的目的端。例如，如果数据包需要从流 W 流向流 Z，那么就必须先顺着数据流去往源端 A，然后再沿着路径流向流 Z。

对于路由式控制面来说，由于每台边缘设备都要构造自己的树，因而每台设备都是瀑布或生成树的头端。此时的流量流不再"沿着瀑布向上"到达顶端，然后再往下流向目的端，而是按照自己的流模型往下流。例如，假设流量需要从流 W 所在的入口点去往流 Z 所在的终点，那么就会沿着一棵源自路由器 C 的树去往目的端。这就是路由协议的效率高于生成树的原因，流量无需沿着生成树去到顶端之后才能到目的端。

6.3.2 PIN 模型

PIN 是一种将网络按照功能（而不是拓扑结构链路）进行划分的方法。图 6.8 给出了网络的 PIN 示意图。

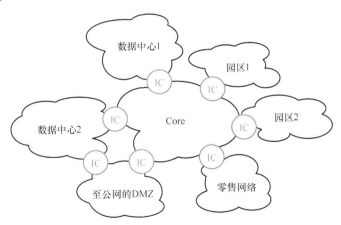

图 6.8 PIN 示意图

网络的每个功能部分都被划分成不同的组件（如两个数据中心和两个园区），并通过互联点（图中以 IC 表示）进行连接。按照这种方式分解网络可以强调每个网络部分的功能，而且可以在不同的网络部分使用不同的设计方案，以匹配所设计的 PIN 的特定意图。例如，整个网络架构可能以一个大规模星型拓扑结构为主，第一个数据中心可能采用传统的交换式以太网拓扑结构，而第二个数据中心则可能采用 CLOS 拓扑结构。

每个 PIN 可以根据安全性、管理机制以及其他因素进行独立设计。数据中心 1 可能会在数据中心内部采取开放的安全策略，对外部访问采取严格限制措施，而数据中心 2 则可能不部署任何访问策略，但是对每个服务器/应用都采取严格的访问策略。每个 PIN 对于网络中的其他 PIN 来说都是完全透明的。数据中心 1 对于数据中心 2 来说只是简单的流量接收端，WAN（Wide Area Network，广域网）PIN 对于网络中的其他 PIN 来说只是去往网络中其他 PIN 的传输系统，这是一种完全模块化的设计模式。

连接不同 PIN 的是一系列 IC（以图中的浅灰色圆圈表示）。有些 PIN 不但与 WAN（即骨干网 PIN）相连，而且相互之间还直接互连，如图中的 DMZ PIN 和数据中心 2 PIN；其他的 PIN 可能仅连接骨干网 PIN。每个 PIN 的内部结构都可能完全不同。例如，数据中心 1 可能分为核心层、汇聚层和接入层网络，而数据中心 2 则可能只有核心层和汇聚层网络，这些网络层次的设计与网络的总体设计完全独立。

从操作角度来看，PIN 模型对于理解网络设计方案来说非常有用，因为它们可以根据每个 PIN 的业务用途提供强大的功能视图，可以独立解决每个业务问题。设备商的销售人员倾向于在 PIN 内实现排它性部署，这样做的好处是可以限定特定环境的解决方案，而且能够有效驱动网络需求。

作为一种模型，PIN 也存在一些不足之处。PIN 将网络架构的重点放在自下向上的功能视角上，这样做虽然可以让网络更好地模拟所需的功能，但是却忽略了整体架构，致使设计出来的系统架构"只是一个不断增长的架构"，而不是一个经过深思熟虑的总体规划和体系架构。

> **注：**
> 有关 PIN 的优劣分析与"可互换模块"一节的讨论结果相似。

6.3.3   分层模型

以无标度网络[1]为基础的分层网络模型是一种与网络本身一样古老的模型。从本质上来说，分层设计模式采用模块化规则，并与流量流的瀑布模型相结合，然后再将这两种机制与聚合机制相结合实现信息隐藏能力，从而建立一套适用任何网络设计项目的"经验法则"。图 6.9 给出了一个基本的网络分层设计示意图。

---

1 无标度网络指的是度分布符合幂律分布的复杂网络。——译者注

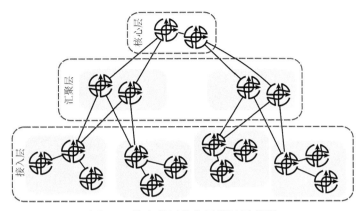

图 6.9 基本的网络分层设计示意图

注：

有关网络分层设计的详细信息可参阅 Cisco Press 出版的 *Optimal Routing Design*[1]一书。目前多数网络采用的都是二层设计方案，而不是三层设计方案，通过"层内分层"方式实现网络的扩展性。

下面将从网络复杂性的角度来分析层次化网络设计的相关"经验法则"。

1. 聚焦分层功能

对于网络分层设计模式来说，三个网络层次（包括核心层、汇聚层和接入层）中的每一层都应该聚焦一小组功能或目标。例如，网络核心层应该聚焦在汇聚层模块之间提供流量转发操作，而不是执行策略操作，甚至是连接外部网络（例如，不应该将 Internet 和外部合作伙伴网络连接到网络核心层，而应该连接到与其他接入层模块完全并行的接入层模块上）。

通过控制网络模块内部以及模块之间的交互面，聚焦每个网络层次的功能有助于管理复杂性。例如，通过聚焦汇聚层模块之间的流量转发操作，可以大大简化网络核心层的设备功能，无需实现包括接纳策略以及基于用户或设备的安全策略在内的各种功能，这些功能应该由网络的其他位置进行处理。限制特定功能的实现位置也能简化设备选择，让同一网络层次的各个模块更加相似。举例来说，如果将通过长距裸纤接口高速转发流量的功能始终交给网络核心层设备，那么在选择汇聚层设备时就无需考虑支持该能力的接口类型。

---

1 Russ White、Alvaro Retana 和 Don Slice 合著的 Optimal Routing Design (Cisco Press, 2005)。

2. 聚焦策略部署位置

分层设计模式还在网络中提供了非常方便的"扼制点"。这些扼制点通常位于拓扑结构的边缘、从用户连接点到网络接入层之间以及每层之间。这些位置一般都有数量较少的连接将拓扑结构连接在一起。这些位置的连接数量受到网络分层设计方案的严格限制,通常都是集中部署策略的最佳位置。

作为说明,下面考虑将聚合机制作为策略。对于分层设计模式来说,在层间链路上配置聚合机制非常有意义:

- 可以提供每个模块内部的完整路由信息;

- 可以提供少量位置查看每个模块内部的聚合路由信息;

- 可以提供少量位置查看模块间的次优流量分发情况;

- 可以提供模块间控制面状态的分隔点。

在拓扑结构中提供"扼制点"可以在网络模块之间提供受控的交互面,从而减少模块之间携带的控制面状态数量,而且还可以反过来控制必须由控制面管理的网络变更速度。

> **注:**
> 有关聚合机制的权衡问题详见本章前面的"信息隐藏"一节以及第 5 章,而有关策略部署的权衡问题详见第 5 章。

6.3.4   UML

UML(Unified Modeling Language,统一建模语言)似乎与这里讨论的话题格格不入,因为它是一种建模工具,而不是一种模型或系统。不过,网络工程界倾向于"跟着感觉走",而不是刻意去思考网络与应用、网络与策略的交互方式。以流程为中心的建模语言对于理解应用的工作方式非常有用,可以直接映射到网络中的策略和数据流上,对于大规模数据中心和云场景来说尤为如此。虽然大规模的云计算和数据中心部署场景的设计目标是"与应用无关",但是在理解数据流的工作方式以及策略的部署位置时,对数据中心交换矩阵上运行的应用进行排查有助于找出问题的根源。

图 6.10 给出了 Web 应用的 UML 模型示意图。

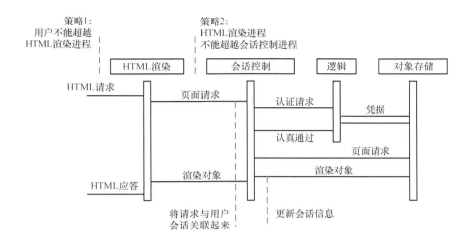

图 6.10 基于 UML 的简单 Web 应用模型

虽然图 6.10 侧重于构成 Web 应用的不同进程之间的交互关系,但网络中还存在大量的应用程序之间的交互关系,因而每个交互操作都表示一种必须规划的数据流。从网络工程的角度来分析该图,可能会提出以下问题。

- 这些进程之间使用的是何种类型的连接?如果是二层连接,那么必须将这些进程纳入单一的二层域中,或者必须以某种方式处理流量,使得这些进程相信它们是通过二层链路进行连接的。

- 每条连接使用的协议是什么?例如,HTML(Hypertext Markup Language,超文本标记语言)渲染组件与会话控制之间使用的协议可能是 TCP,而会话控制与逻辑组件之间使用的协议则可能是 UDP。这些信息对于确定服务质量的部署位置和部署类型极有价值。

- 在何处部署策略以及如何部署策略?图中仅部署了两条策略(与大多数实际应用的策略部署情况相比,本例相当简单),这些策略是由网络、应用或两者实现的吗?如何实施?

除了这些问题之外,精确估计每条数据流的大小对于掌握应用程序使用网络资源的方式有很大帮助。如果掌握了所有应用的相关信息,那么整合这些信息之后就能掌握整个网络的流量特性(即使是在应用程序级别,理解这些流量也是非常有用的)。

6.4   最后的思考

从复杂性的角度来看,网络设计人员和架构师们面临的应用环境具有很大的不确定性。虽然工具都在这里,但是并没有完全理解相应的管理复杂性,而且这些工具也并不都是很成熟。相反,大多数网络设计人员的工作依据都是"跟着感觉走"的经验法则以及并不怎么管用的多年工作经验。

从复杂性的角度研究"经验法则"就可以解释它们背后的原因:为什么行得通、在什么地方行得通,以及何时行不通。从复杂性的视角审视网络设计问题有助于解开一些谜团,而且深入理解权衡取舍的本质以及这些技术和模型的作用方式,有助于网络设计人员和架构师们提出更好的网络设计方案。

第 7 章
协议复杂性

谁在乎协议复杂性？这个问题似乎应该是那些整天思考基数树以及各类深奥数学难题的极客们的专有话题，是这样吗？

完全错误！

网络中部署的协议（无论是控制面使用的协议还是通过网络承载数据的协议）在本质上都是系统（而且通常都是复杂系统）。这些系统需要与网络中的其他系统进行交互（与在网络与设计层面讨论的交互面一样），正是有了这些设计交互面，才使得那些"工作在协议之下的"网络工程师们必须理解网络设计，就像网络架构师们必须理解协议设计一样。

本章的主要目的是将复杂性的权衡讨论转移到协议设计领域，使得广大网络工程师们都能理解为什么某种协议更适用于某种场景，而其他协议则更适用于其他场景。对于网络工程领域来说，必须注意避免以下两种截然相反的错误倾向。

- 试图通过单一协议解决所有问题。这一点对于 BGP 来说尤为明显（截至本书出版之时）。虽然单一控制面（即至尊戒驭众戒）能够大大简化网络设计人员的工作，但带来的问题是无可避免的次优设计问题。

- 利用自己的协议集解决所有问题。

虽然这里的权衡取舍并不是那么明显，但是必须要在为每个问题都部署一个专用解决方案与为所有问题都部署单一解决方案之间做出权衡，此时的分层网络设计模式（将拓扑结构虚拟化，让不同的控制面和数据面看见不同的网络视图）就非常有用。

本章将首先讨论灵活性与复杂性之间的权衡问题，以 OSPF 与 IS-IS 为例来分析不同的复杂性权衡会产生完全不同的协议，每种协议都有自己的特定权衡决策。接下来将讨论分层与复杂性之间的权衡问题，主要以 John Day 的网络传输迭代模型为例进行说明。最后再通过两个案例来讨论协议复杂性与设计复杂性之间的权衡问题。第一个案例将回到链路状态协议中的微环路和快速收敛问题，第二个案例将分析"早期"EIGRP 与现实网络的不匹配问题，经过多年的优化之后在网络设计中所包含的复杂性。

7.1   灵活性与复杂性：OSPF 与 IS-IS

有关 OSPF 与 IS-IS 的设计初衷对比可能是协议设计领域关于复杂性与灵活性对比的最经典案例。大家应了解这两种协议在设计之初的相关讨论与决策历史。

> **注：**
>
> IS-IS 是一种广泛部署于大型服务提供商网络中的链路状态路由协议，该协议的标准规范定义在 ISO 10589 中[1]。

IS-IS 最初被设计为支持 OSI（Open Systems Interconnect，开放系统互连）协议栈（七层协议栈），围绕 ES（End Systems，终端系统）和 IS（Intermediate Systems，中间系统）进行设计。每个 ES 都根据设备的二层地址分配一个地址，然后再通过直连 IS 宣告到网络中。从本质上来说，主机路由是 OSI 网络的常规运行模式，仅在泛洪域边界进行聚合操作。由于所涉及的实际系统是较大的计算机（从当时来看），具备强大的处理性能和可用内存，因而 IS-IS 的初始设计人员将大量精力都放在协议对新地址类型的灵活适应性和可扩展性上（OSI 网络协议采用了一种新的终端主机路由、更改了二层编址等信息），同时以尽可能少的数据包类型来处理 Level 1 和 Level 2 泛洪域。

基于上述观点，IS-IS 协议的主要设计目标是在 TLV 中携带信息以及增加新信息时能够很容易地将携带新信息的新 TLV 添加到协议中。同时，由单个设备发起的所有信息都由单个相应的 LSP（Link State Packet，链路状态包）承载。如果 LSP 包的大小超出了网络的 MTU（Maximum Transmission Unit，最大传输单元），那么也能很容易地进行分段。

OSPF 协议的设计目标则有所不同。在 OSPF 协议的设计过程中，当时的路由器（尤其是）被认为是性能非常低的处理器。作为专用设备，路由器根本就没有配备 ES 所具备的处理性能或内存资源。因此，IS-IS 考虑的是由性能相对较高的设备处理转发操作，而 OSPF 则考虑由性能相对较差的设备处理转发操作。

为了满足上述目标，OSPF 在设计之初重点考虑以下需求。

---

1 有关 IS-IS 的详细信息，请参阅 Russ White 和 Alvaro Retana 编著的 *IS-IS: Deployment in IP Networks,* 1st edition，(Boston: Addison-Wesley, 2003)。

- **定长编码**。OSPF 没有采用 TLV 来编码和携带信息，而是采用了定长编码机制，这不但可以减少对线路资源的需求（减少了 TLV 报头），而且还可以减少对处理资源的需求（利用定长编码块处理特定数据包格式，而不是通过复杂的编码块来动态读取和响应单个流中携带的不同 TLV）。

- **较小的固定数据包类型**。OSPF 不是让每台路由器都发起可能需要分段的单一 "数据包"，然后再费尽心思地对分段后的数据包进行同步，而是采用了更短的数据包，以适应网络中的单个 MTU 包要求，从而大大简化了泛洪和同步操作。

- **聚合的可达性**。IP 网的三层寻址从二层寻址中解放出来，意味着（在实践中）可达性是从第一跳开始聚合的，而且 IP 路由器宣告的是子网（一组主机的聚合），而不是一台台主机。因而与 IS-IS 的初始设计相比，OSPF 需要处理多路访问链路，而且更需要以 IP 为中心进行聚合。

根据上述目标，OSPF 被设计为拥有多种 LSA，每种 LSA 都采用固定的格式，而且每种 LSA 都负责携带不同类型的信息。图 7.1 给出了 OSPF 与 IS-IS 的对比情况。

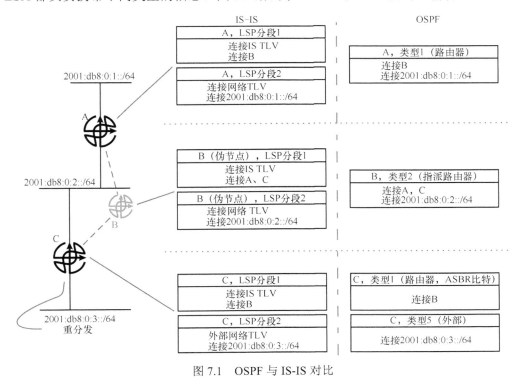

图 7.1　OSPF 与 IS-IS 对比

图 7.1 中的网络仅包含两台路由器，每台路由器都连接了一条末梢链路，而且这两台

路由器都连接在同一条广播（多点）链路上。OSPF 和 IS-IS 都选出了一个伪节点（OSPF 将其称为 DR[Designated Router，指派路由器]）来表示该广播链路，以减少邻接关系以及流经该链路的路由协议流量。伪节点由路由器 B 来表示（以较小的灰色图例表示）。将每个 IS-IS TLV 都视为独立的数据包（或者单个 LSP 的分段数据包）之后，就可以同时设置这两种协议生成的两组数据包。如果大家熟悉链路状态路由的概念，那么就不会对结果感到诧异了，即相同的信息在两种协议中必须以不同的方式进行承载，主要区别在于这两种协议对信息的编码方式。IS-IS 对分段数据包中的 TLV 信息进行编码，而 OSPF 则对不同类型数据包中的信息进行编码。如果将 IS-IS 中的每个 TLV 都视为 OSPF 中的一种 LSA，那么就基本可以形成一对一的对应关系。

OSPF 在编码、传输与定长数据包之间进行了复杂性权衡，产生的问题是：使用 TLV 给 IS-IS 带来了什么好处？TLV 的代价是更大的数据包尺寸和更复杂的处理过程。既然如此，那么与 OSPF 相比，IS-IS 增加数据包格式复杂性又有什么好处呢？

最明显的答案就是能够快速、简单地为 IS-IS 增加新的信息类型。例如，部署了 IPv6 之后，虽然这两种链路状态协议都必须支持新的 IP 格式，但 IS-IS 只要简单地增加一组新的 TLV 即可，而 OSPF 则需要开发一套全新的协议 OSPFv3，此时定长格式的缺点就一览无遗了。一般说来，IS-IS 增加的是 TLV 类型，而 OSPF 增加的是数据包类型。

> 注:
>
> 这里的描述有些过于简单，实际上，TLV 格式并不是创建 OSPFv3（不是简单地在 OSPFv2 中增加 IPv6 能力）的唯一原因。例如，OSPFv2 需要建立邻接关系并通过 IPv4 层承载 LSA，因而 OSPFv2 中的下一跳是 IPv4 地址，这样一来，部署 IPv6 时就会产生难题，因为 IPv6 要求必须使用 IPv6 下一跳。与 IS-IS 相比，OSPF 与底层的三层传输系统的关联程度更高（IS-IS 直接在二层进行对等）。

那么 OSPF 与 IS-IS 哪个更好呢？这个问题实际上并没有明确的答案，在很大程度上取决于协议的使用场景、网络操作人员的技能以及各自的实现选择。在实际应用过程中，人们主要根据每种协议的设计应用环境来做出权衡，除非能找到真正值得一提的差异，否则从细节层面来分析这两种协议的优劣之争完全没有意义。

7.2　分层与协议复杂性

对于图 7.2 所示的两种协议栈来说，哪种更简单呢？

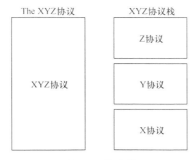

图 7.2 协议栈

大多数网络工程师的答案都是以下两者之一。

- XYZ 协议。因为栈中只有一种协议，而一种协议应该比多种相互作用的协议简单。

- XYZ 协议栈。因为分层机制很好，分层的传输协议（如 TCP 和 IP）就是如此。

要么相信分层很好，因为分层机制对于所有网络工程师来说都是根深蒂固的认识（从第一次接触控制台开始就已经具备的认识）。要么认为分层很讨厌，以至于参加认证考试或大学考试时都难以记住。那么哪个答案对呢？

都不对！

实际上，协议栈的复杂性取决于多种因素。

- 协议栈的总体功能是什么？改变图中的语境就能改变大家对这个问题的认识，如果有人说"XYZ 协议栈是当前传输协议栈中的 IP 组件的替代协议，从而将协议栈从四层增加到六层"，那么大家马上就会意识到"太复杂了"。如果有人说"XYZ 协议利用单层隧道协议替换了当前网络中运行的三层隧道协议"，那么大家马上就会欢呼"太棒了"！

- 协议栈中的各层协议之间的交互面定义得好不好？对于协议栈来说，只要定义好分层结构，就能定义清晰的交互面。虽然定义清晰的交互面仍然存在抽象泄露问题，但是好的定义能够减少泄露问题。虽然定义清晰的交互面仍然会增加交互面的复杂性，但定义清晰的交互深度与交互范围有助于减少跨层的抽象泄露问题，而且还能降低修改与排障过程中对于交互关系的理解难度。

因此从复杂性的角度来看，分层机制可好可坏，关键在于分层机制所带来的影响。

- **状态**：增加层之后是以有意义的方式分解了状态，还是仅仅简单地将状态从原先的内部扩散到层间边界，从而增加了交互面的复杂性？

- **速度**：增加层之后是降低了层的操作速度，还是仅仅让两个进程采取完全不用的

"操作节奏"？

- **交互面**：增加层之后是得到了一组清晰的交互点并减少了抽象泄露，还是仅仅有了一些（或者很多）能够产生意外结果的地点？

注:

意外结果的概念与辅助性（subsidiarity）概念密切相关，具体信息可参阅第 10 章。

网络工程师们处理上述协议栈分层问题的方法之一就是根据模型建立协议栈。最常见的两种模型就是四层 DoD 模型和七层 OSI 模型。虽然大多数网络工程师都至少熟悉其中的一种模型，但这里仍有必要做一个简要回顾。

7.2.1   七层模型

事实上，几乎所有参加过网络课程或网络工程师认证学习的人都非常熟悉如何利用七层模型来描述网络的工作方式。ISO 设计了 CLNP（Connectionless Networking Protocol，无连接网络协议）和路由协议 IS-IS 来满足七层模型的需要，这些协议目前还处于广泛应用当中，特别是 IS-IS，经过修改之后完全能够支持 IP 网的路由需求。图 7.3 给出了 OSI 七层模型示意图。

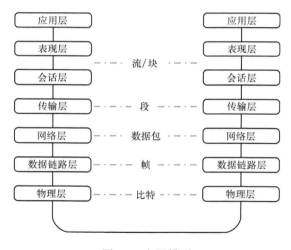

图 7.3   七层模型

从垂直方向来看，层与层之间都通过 API 进行相互作用。因此，为了连接特定的物理端口，就要求数据链路层代码连接该端口的套接字，从而实现层间交互的抽象化与标准化。网络层软件无需知道如何处理不同的物理接口，只要知道如何将数据传送给相同系统上的数据链路层即可。

每一层都要完成一组特定的功能。

- 物理层（第一层）负责将调制为 0 和 1（即序列化）的信号放到物理链路上。不同类型的链路拥有不同的 0 或 1 信号格式。物理层还负责将这些 0 和 1 转换成物理信号。

- 数据链路层负责确定信号被正确发送给链路对端的计算机。每台设备都有一个不同的数据链路（第二层）地址，利用该地址将流量发送给指定设备。数据链路层假定信息流中的每一个帧都与同一个流中的其他数据包相分离，并且仅为通过单一物理链路进行连接的设备提供通信。

- 网络层负责在系统（这些系统不是通过单一物理链路进行连接）之间传输数据。网络层提供的是网络层面（第三层）的地址，而不是链路本地层面的地址，而且还提供了一些设备和链路发现机制，必须穿越这些设备和链路才能到达最终目的端。

- 传输层（第四层）负责在不同设备之间透明传输数据。传输层协议可以是"可靠协议"（即由传输层重传低层丢失的数据），也可以是"不可靠协议"（即必须由高层应用重传低层丢失的数据）。

- 会话层（第五层）虽然并不真正传输数据，但负责管理两台计算机上运行的应用程序之间的连接。会话层需要确定通信双方的数据类型、数据形式以及数据流的可靠性。

- 表示层（第六层）负责以运行在两台设备上的应用程序能够理解和处理的方式对数据进行格式化，在应用程序与网络之间提供接口。加密、流量控制以及其他数据处理操作均在该层完成。应用程序通过套接字与表示层进行交互。

- 应用层（第七层）在用户与应用程序之间提供接口，反过来又通过表示层与网络进行交互。

七层模型中的每一层均为下一层提供所要承载的信息。例如，第三层为第二层的封装及传输（通过第一层）操作提供比特。可以看出：七层模型不但能够精确描述层间交互操作，而且还能精确描述多台计算机同一层之间的交互操作，即第一台设备上的物理层与第二台设备上的物理层进行通信，第一台设备上的数据链路层与第二台设备上的数据链路层进行通信，以此类推。与同一台设备上的不同层之间通过套接字进行交互类似，不同设备上的同一层之间通过网络协议进行交互。

- 以太网定义了将 0 和 1 信号调制到物理线路上的方式、数据帧的起止以及对连接在同一条线路上的设备进行编址的方式。以太网属于 OSI 参考模型的第一层和第二层。

- IP 定义了将数据格式化为数据包、对数据包进行编址以及通过多条二层链路传输数据包以到达多跳之外目的端设备所需的各种机制。IP 属于 OSI 参考模型的第三层。

- TCP 定义了会话建立与维护、数据重传以及与应用程序之间的交互机制。TCP 属于 OSI 参考模型的传输层和会话层。

图 7.3 给出了各层之间的交互信息，列出了所要传输的信息块名称。例如，段是从一台设备的传输层传送到另一台设备传输层的信息块，而数据包则是从一台设备的网络层传送到另一台设备网络层的信息块。

7.2.2   四层模型

工程师们很难将 IP 传输协议栈与七层模型进行匹配的主要原因就是两者开发时使用的网络通信模型不同。IP 传输协议栈没有采用七层模型，而是围绕四层模型进行开发，具体信息可参阅 RFC 1122（如图 7.4 所示）。

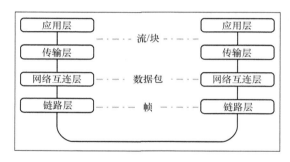

图 7.4   四层模型

在这个四层模型中：

- 链路层大致负责 OSI 参考模型中的物理层和数据链路层功能，即控制物理链路的使用、链路本地寻址以及通过物理链路来承载作为单个比特的数据帧；

- 网络互连层大致负责 OSI 参考模型中的网络层功能，即提供跨多条物理链路的寻址和可达性能力，并提供单一的数据包格式和接口（与实际的物理链路类型无关）；

- 传输层负责在通信设备之间建立和维护会话，并为数据流或数据块提供通用透明的数据传输机制。对于 TCP 应用场景来说，该层还要提供流量控制和可靠传输机制；

- 应用层是用户和网络资源之间的接口，或者是使用数据并向连接在网络上的其他设备提供数据的特定应用程序。

在这个四层模型中，以太网完全位于链路层中，IP 和各种路由协议都在网络互连层中，

TCP 和 UDP 则位于传输层中。虽然四层模型并没有提供分离各层信号的详细结构（这一点对于面向研究的网络环境来说可能很有用），但是由于具备非常清晰的层间关系，因而 IP 在现实网络中得到了广泛部署及应用。

7.2.3 迭代模型

七层模型与四层模型都基于相同的理念，也就是在协议栈中从物理层向上移动到应用层的时候，会在每一层都增加某些特定功能或一组相关功能，这些功能通常都与网络组件（如单链路、端到端路径或应用程序之间的通信）有关。将功能组合为层之后，就可以将堆栈中的每种协议的复杂度降至最低，而且还能定义和管理协议栈中每种协议或每个协议层之间的交互面。

为了更好地理解这些概念，有必要分析一下网络中的实际协议栈模型。虽然该模型并不像七层模型和四层模型那样流行，但是可以清楚地说明复杂性与分层之间的权衡问题。

仔细分析上述协议栈中的每一层功能，就会发现它们之间存在许多相似之处。例如，以太网数据链路层在单链路上提供传输和多路复用功能，而 IP 则跨越多跳路径提供传输和多路复用功能。由此可以看出：所有数据承载协议实际提供的功能只有 4 种：传输、多路复用、纠错和流量控制[1]。我们可以将这 4 种功能很自然地分为两组：传输和多路复用、纠错和流量控制。因此，大多数协议完成的操作都不外乎以下两种情况之一。

- 提供传输功能（包括从一种数据格式转换为另一种数据格式）和多路复用功能（实现不同主机和应用程序之间的数据隔离能力）。

- 提供差错控制功能（基于纠正小错误的能力或重传丢失或损坏数据的能力）和流量控制功能（防止因网络传输数据的能力与应用程序生成数据的能力之间不匹配而出现数据丢失问题）。

从这个角度来看，由于以太网同时提供了传输服务和流量控制功能，因而可以认为是将多种功能都集中于单一链路上，即网络中端口到端口（或隧道端点到隧道端点）的连接。IP 是一种提供传输服务的多跳协议（跨越多条物理链路的协议），而 TCP 则是一种使用 IP 传输机制并提供纠错和流量控制功能的多跳协议。图 7.5 给出了迭代模型示意图。

该模型中的每一层都将给定范围内管理一组参数所需的信息组合到了单一协议中。

---

1 John Day, *Patterns in Network Architecture: A Return to Fundamentals* (Upper Saddle River, N.J.; London: Prentice Hall, 2008).

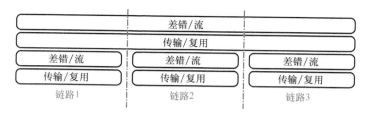

图 7.5　网络协议的迭代模型

7.2.4　协议栈与设计

经过前面的简单讨论之后，这些协议设计模式与分层技术对于网络复杂性（特别是设计领域）的影响究竟如何呢？首先，分层机制在 API 边界划分功能，是一种经过时间检验的、有效的分离复杂性的方法。其次，从上述三种模型的对比可以看出，将层与所要完成的操作相匹配，而不是与具体位置相匹配，可以提供一种更清晰、也更容易处理的操作模型。虽然四层模型和七层模型也能工作，但它们并没有真正描述清楚每层协议所要完成的操作，也没有真正提出未来向协议栈添加新协议的方法，而迭代模型则很好地解决了这个问题。

7.3　协议复杂性与设计复杂性

不过，协议栈并不仅仅是自包含系统，它们还要通过应用程序的性能、可管理性以及设计模式与更大的网络环境进行交互。本节将深入讨论网络设计与协议复杂性之间的权衡问题，希望网络工程师们能够更好地理解这些领域的权衡取舍。具体而言，就是掌握如何在协议复杂性与设计复杂性之间取得平衡。

由于协议承载了大多数复杂性，因而设计要素的复杂性就显得相对较低。另一方面，随着协议复杂程度的提高，协议的故障排查以及管理也变得越来越复杂。每个操作都有正反两种反应，系统中各个组件的复杂性增加或降低之后，都会产生一系列的操作与响应。工程师们必须意识到复杂性被"扔到墙外"之后，并没有"消失"，必须由其他系统来处理并管理这些复杂性。

7.3.1　微环路与快速重路由

第 5 章已经讨论过一个有关协议复杂性与网络复杂性之间权衡案例，本节将进一步深入分析快速重路由的协议复杂性问题（如图 7.6 所示）。

假设图 7.6 中的网络的初始状态为：

- 路由器 B 去往 2001:db8:0:1::/64 的最短路径是经由 A 的路径；

- 路由器 C 去往 2001:db8:0:1::/64 的最短路径是经由 B 的路径；

- 路由器 D 去往 2001:db8:0:1::/64 的最短路径是经由 C 的路径；

- 路由器 E 去往 2001:db8:0:1::/64 的最短路径是经由 A 的路径；

- 所有路由器都运行了链路状态路由协议（OSPF 或 IS-IS）。

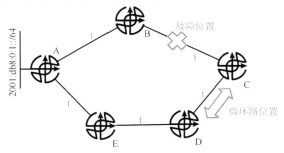

图 7.6 链路状态控制面中的微环路

如果链路[B,C]出现了故障，那么会出现什么情况呢？为了回答这个问题，请考虑：

- 该链路故障将被立即通告给路由器 B 和 C，本地路由进程将从本地路由表中删除受影响的目的端；

- 由于已经将链路故障通告给了路由器 B 和 C，因而路由器 B 和 C 将计算新树并切换到新路由；

- 接着向路由器 D 和 A 通告该链路故障，路由器 D 和 A 将计算新树并切换到新路由；

- 最后向路由器 E 通告该链路故障，路由器 E 将计算和安装所有必要的路由信息。

注：

对于链路状态协议来说，泛洪与 SPT 计算实际上是两个相互独立的进程。为便于讨论，上面的描述假定这两个进程同时发生。

将链路[B,C]出现故障后网络的原始状态与收敛顺序相结合，就能很容易地判断出微环路的发生位置。路由器 C 发现故障后，将快速重新计算 SPT 并发现经由路由器 D 的路径是新的最短（无循环）路径。虽然路由器 C 可以通过路由器 D 进行转发，但路由器 D 仍会发现故障并重新计算新的最短路径。路由器 C 与路由器 D 重新计算最短路径有一个时间差，在这段时间内去往 2001:db8:0:1::/64 的流量将在这两台路由器之间形成环路。

为什么不设置一个定时器，让路由器 C 等到路由器 D 重新计算并安装新路由呢？因为这样根本不可行。网络中的每台路由器都必须以相同的方式对接收到的信息做出反应。链路状态协议的要点就在于确保参与控制面的每台设备都具有唯一的网络状态视图，并以相同的方式进行操作，这也是保持链路状态协议（如 OSPF 和 IS-IS）控制面确定性的基础之一。在路由器 C 上设置一个其必须等待收敛的定时器就意味着也要在路由器 D 上设置相同的定时器，而这种解决方案会延缓的网络总体收敛速度，并没有真正解决微环路问题。

> **注：**
>
> 虽然可以强制链路状态控制面中的路由器安装前缀的顺序以防范微环路问题，但并不像使用定时器那么简单，每台路由器都必须计算网络变更后的距离以及在本地路由表中可靠安装去往每个目的端的新的最短路径所必须等待的时间值。虽然该过程确实能够防止微环路，但是需要在收敛速度方面付出代价。RFC 6976 给出了一种有序的 FIB（Forwarding Information Base，转发信息库）解决方案以及可以减轻收敛速度影响的实现系统信息。

为什么不强制链路状态网络中的所有路由器都同时进行重新计算呢？当然，必须有一种方法来同步所有参与控制面的设备的所有时钟，以便它们都能同时开始计算进程，或者让这些设备同时安装路由。但如何让成千上万个分布式节点上的所有设备的时钟都能实现严格同步呢？答案是：无法精确到微秒级别。即使可以将所有时钟均同步到如此精度，也无法确保每台路由器都能在计算后同时安装路由。有些路由器采用分布式转发面，有些路由器则是转发与路由计算不分离。对于拥有分布式转发面的路由器来说，每台路由器的控制面和转发硬件的路径并不相同，而且每条路径安装路由的时间也不相同。即使是拥有相同分布式系统的路由器，每台路由器的处理器负荷也在随时发生变化，从而影响路由计算出来之后安装到路由表中的时间。

后续小节将详细讨论这个问题的解决方案。

1. 无环备用路径

LFA（Loop Free Alternates，无环备用路径）最初是由 J. J.Garcia 在其论文中提及，这篇论文后来成为思科 EIGRP 的基础。LFA 的概念基于简单的几何结构（如图 7.7 所示）。

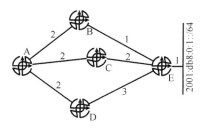

图 7.7　LFA

从图 7.7 可以看出，路由器 A 与 2001:db8: 0:1::/64 之间存在三条路径：

- 度量值为 4 的[A,B,E]；

- 度量值为 5 的[A,C,E];

- 度量值为 6 的[A,D,E]。

为了更好地理解 LFAs，还需要关注以下三个度量值。

- [B,E]：度量值为 2。

- [C,E]：度量值为 3。

- [D,E]：度量值为 4。

LFA 的概念来自于以下认识："经由我"环回的任何路径的开销都要大于"我"到达这些相同目的端的开销。换句话说，如果某路径"经由我"产生环回，那么宣告该路由的邻居的开销必然大于或等于到达该相同目的端的本地最佳路径。

从路由器 A 的角度来分析图 7.7 可以看出：

- 如果从路由器 A 到达 2001:db8:0:1::/64 的路径的开销大于 4，那么该路径就可能是一条环路；

- 如果从路由器 A 到达 2001:db8:0:1::/64 的路径的开销小于 4，那么该路径就不可能经由路由器 A 产生环回。

有了这些信息之后，路由器 A 就可以从每个直连邻居的角度来分析到达 2001:db8:0:1::/64 的开销，以确定它们到达目的端的路径是否通过路由器 A 产生环回。每条路径的情况如下。

- （A,B,E）：是最佳（开销最小）路径，无需检查。

- （A,C,E）：路由器 C（路由器 A 的邻居）的开销为 3，路由器 A 的最佳路径的开销为 4。由于路由器 C 的开销低于路由器 A 的开销，因而这条路径不可能经由路由器 A 环回，因而该路径是无环路径（从路由器 A 的角度来看），是一条有效的无环备用路径。

- （A,D,E）：路由器 D 的开销为 4，路由器 A 的最佳路径的开销为 4。由于两者的开销相同，因而在特定的拓扑变化事件下，转发给 2001:db8:0:1::/64 的流量可能会被转发回路由器 A（这也是微环路的一个实例）。因而 EIGRP 会将该路径声明为环回路径，而链路状态协议（OSPF 和 IS-IS）则将该链路视为一条可行的去往目的端的无环路径。

注：

为完整起见，这里给出相关补充信息：EIGRP 将路由器 A 的最佳路径的度量值称为可行距离，将路由器 B、C 和 D 的度量值称为路由器 A 的报告距离，因为这是它们报告给路由器 A 的开销（或者称为距离或度量值）。

就复杂性而言，从协议的角度来看，利用 LFA 实现快速重路由时的权衡取舍是什么？

- **状态（携带的）**：控制面协议本身并没有携带任何额外状态以提供 LFA 功能。对于链路状态协议来说，只要从邻居的角度简单运行 SPF，即可从链路状态数据库计算出到达邻居目的端的开销。对于 EIGRP 来说，邻居的开销就是原始路由宣告中包含的度量值（不含直连链路的开销）。

- **状态（本地的）**：每台路由器或参与控制面的每台设备都有一些附加状态。对于链路状态协议来说，为了得到每个邻居去往任意给定目的端的开销，不但要为网络的本地视图运行 SPF，而且还要为每个邻居运行 SPF。此外，还必须在计算完成之后以某种方式存储备用路径，以便在主用路径出现故障后，转发面能够快速切换到备用路径。

- **速度**：从理论上来说，快速重路由机制通过提高本地反应速度，降低了控制面必须对拓扑结构变化情况做出反应的全局速度。

- **交互面**：由于链路上的协议并没有发生变化，因而在利用 LFA 实现快速重路由时，控制面与其他系统之间的交互面也几乎没有任何变化。

因而从协议的角度来看，LFA 的复杂性权衡的正面效果很好，负面影响很小。从设计的角度来看（详见第 6 章），LFA 并不支持很多常见拓扑结构。网络工程师在确定是否要部署 LFA 时，必须考虑两件事情。

- LFA 将涵盖网络的哪些部分？不涵盖网络的哪些部分？

- 为了涵盖这些网络部分而部署 LFA，所带来的额外复杂性是否值得？这里需要考虑的一个要点就是，如果未涵盖网络中的某些部分，那么部署 LFA 可能不会以可度量方式增加端到端路径的延迟/抖动特性（或者说，部署 LFA 特性不允许操作人员声明固定的快速收敛时间）。

关键是在业务需求对快速收敛、网络收敛的要求与部署 LFA 在协议、配置、故障排查以及管理等方面带来的额外复杂性之间做出权衡。

2．NotVia

LFA 无法提供快速重路由功能的常见拓扑结构就是环形拓扑结构（如图 7.8 所示）。

图中的路由器 A 有两条去往 2001:db8:0:1::/64 的无环路径，但是考虑 LFA 时，路由器 A 会将经由路由器 B 的路径标记为潜在环回路径。那么路由器 A 如何使用路径[A,B,F,E]呢？问题是在网络拓扑结构出现变化的过程中，路由器 A 发送给路由器 B（去往 2001:db8:0:1::/64 中的某台主机）的所有流量都可能会被路由器 B 环回回来（详见第 5 章）。那么该如何解决这个问题呢？

如果路由器 A 知道如何以隧道方式将流量引导到始终指向路由器 E 并到达 2001:db8:0:1::/64 的某台路由器,那么路由器 A 就可以在拓扑结构发生变化时,通过该隧道转发流量,而且不会产生环回(能够到达正确的目的端)。

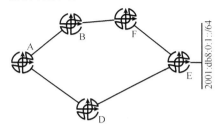

图 7.8 快速重路由的环形拓扑结构

路由器 A 如何才能找出符合该规则的潜在隧道端点呢?NotVia 就是一种可能的解决方案。假设网络管理员需要保护链路[D,E]免于故障,那么相应的简化处理过程如下。

- 为路由器 E 配置专用 IP 地址,本例将该地址称为 E notvia D。

- 路由器 E 将 E notvia D 宣告给除路由器 D 之外的所有邻居。对于本例来说,就是将 E notvia D 宣告给路由器 F。

- 路由器 A 仅从路由器 B 收到该宣告消息。无论路径[A,D,E]的状态如何,路由器 B 都给了路由器 A 一条去往路由器 E 的路由。

- 路由器 A 计算去往 2001:db8:0:1::/64 的路径时,将首先找到最佳(开销最小)路径[A,D,E],并将其安装在本地路由表中。

- 然后路由器 A 再搜索去往该目的端的备用路径,发现路由器 B 位于路径中且有一条 E notvia D 路由,因而将这条 NotVia 路由也安装到路由表中,作为去往目的端的备用隧道路径。

- 如果路径[A,D,E]出现了故障,那么路由器 A 就会将去往 2001:db8:0:1::/64 的流量切换到隧道路径,将流量封装在隧道报头中并沿路径[A,B,F,E]进行转发。路由器 E 根据数据包中的信息删除外层报头并进行转发。由于隧道数据包中的内层报头的目的端是 2001:db8:0:1::/64 中的主机,因而通过直连接口转发该数据包。

注:

上述处理过程假设路由器 A 去往路由器 E 的最佳路径是[A,B,F,E],由于事实可能并非如此,因而计算出来的 NotVia 就可能是路由器 F,但相关内容已经超出了该简单示例的解释范围。

从复杂性的角度来看,NotVia 的价值如何呢?

- **状态（携带的）**：由于 NotVia 需要为网络中每条被保护链路或节点配置一个额外的 IP 地址，因而会将大量额外的 IP 地址注入到控制面中（取决于被保护链路或设备的数量），而且需要在协议中以某种方式将这些地址标记为 NotVia 地址，使得这些地址不会用于常规的转发操作。因此，NotVia 会增加状态的数量。事实上，这也是 NotVia 未被接受为 Internet 标准的主要原因之一。

- **状态（本地的）**：参与控制面的每台设备都必须维护额外的 NotVia 地址，并通过 NotVia 隧道所包含的链路来计算本地 SPT 以找出备用路由。虽然计算时间通常比较短，但仍然存在一定的额外状态。

- **速度**：从理论上来说，快速重路由机制通过提高本地反应速度，降低了控制面必须对拓扑结构变化情况做出反应的全局速度。

- **交互面**：虽然协议发生了一些变化，但控制面以及与其交互的其他网络系统之间的交互面并没有什么变化。NotVia 通过以下两种方式加深了路由器之间的交互面深度。首先，控制面中必须携带、计算和依赖额外状态。其次，所有设备都要在托管 NotVia 地址的控制面上增加一个"开放式隧道"。

可以看出，NatVia 确实增加了一些控制面状态，从而增加了控制面的复杂性。

3. 远程 LFA

对于图 7.8 中的路由器 A 来说，一种可行的 NotVia 替代方案就是利用其他机制来计算将要到达 2001:db8:0:1::/64 的远程下一跳（即使经由路由器 D 的主用路径失效），从而找到一些替代方式将数据包以隧道方式传输到中间路由器。远程 LFA 就是这样一种解决方案。远程 LFA（Loop Free Alternate，无环备用路径）的计算过程如下。

- 路由器 A 从邻居的角度来计算 SPT。对于本例来说，就是路由器 A 从路由器 F 的角度来计算去往 2001:db8:0:1::/64 的最佳路径。

- 路由器 A 发现路由器 F 拥有一条可以到达目的端的无环空闲路径，因而构建一条去往路由器 F 的隧道，并将该隧道安装为经由路由器 D 的主用路径的备用路径。

远程 LFA 解决方案的主要问题就是利用何种形式的隧道来构建这些备用路径。最常见的方式是 MPLS。因为 MPLS 是轻量级隧道协议，而且拥有动态构建隧道所必需的各种信令机制。考虑到现网出于各种原因已经部署了某些类型的 MPLS 信令，因而从网络管理的角度来看，增加远程 LFA 特性是一项非常简单的工作。当然，动态创建的隧道可能会给故障排查操作带来一些麻烦。由于单台设备上的配置与实际创建的隧道配置之间没有任何关联，因而需要花一些时间和精力来梳理特定流在网络中通过动态隧道穿越特定链路的原因。

同样，我们必须将远程 LFA 解决方案与这里使用的复杂性模型进行比较。

- **状态（携带的）**：虽然远程 LFA 并没有向路由协议添加任何新信息，但需要通过网络建立备份隧道。如果网络中已经运行了某种形式的动态隧道机制（如支持 MPLS 虚拟专用网或流量工程/ MPLS-TE），那么额外状态将非常少。如果必须在网络中部署某种形式的动态隧道信令来支持远程 LFA，那么增加的控制面状态以及复杂性将令人生畏。

- **状态（本地的）**：参与控制面的每台设备都必须执行一组额外的 SPF 计算，并存储有关备份隧道的相关信息。当然，还需要维护这些备份隧道的状态，因而相应的状态量也将非常庞大（由此带来极大的复杂性）。

- **速度**：从理论上来说，快速重路由机制通过提高本地反应速度，降低了控制面必须对拓扑结构变化情况做出反应的全局速度。

- **交互面**：由于远程 LFA 至少要在网络中增加一个新系统（即动态构建和管理叠加式备用路径隧道的相关机制），因而会增加一些新的交互面，如控制面与隧道信令系统之间的交互以及物理拓扑结构与叠加式隧道之间的交互。如果网络出于某些原因已经部署了动态隧道机制，那么这些额外的交互面已然存在，不会增加网络的复杂度。但是，如果需要在网络中部署动态隧道机制来支持远程 LFA，那么部署这些机制无疑将会增加网络中的交互面数量。

> **注：**
>
> 上述权衡结论的前提是假设所有需要建立备份隧道的节点都已经部署了 LDP（Label Distribution Protocol，标签分发协议），因而引入远程 LFA 解决方案的主要代价就是网络携带的状态数量以及额外的隧道、端点等要素。实际上，如果部署远程 LFA 需要在更大范围的节点上部署 LDP（大多数网络设计方案可能都如此，可能是希望进一步提升网络性能或者出于某些业务需求，从而证明在更多节点上部署 LDP 的合理性），那么在考虑复杂性权衡时，必须将在网络中其他节点上部署这些协议和解决方案所引入的代价考虑在内。

7.3.2 EIGRP 与设计难题

在早期的大型网络代，EIGRP 作为路由协议赢得了广泛赞誉，人们普遍认为 EIGRP "适用于任何拓扑结构，无需精细化设计即可正常工作"，对 EIGRP 的赞誉来源于大量实际应用（当然，也可能稍微有些夸张）。但好景不长，人们很快就发现 EIGRP 在众多未经仔细规划的大型网络中已寸步难行，因而又普遍认为 EIGRP 是一种非常糟糕的控制面协议。从某种意义上来说，EIGRP 是自己早期成功支持大型复杂网络（很少考虑实际设计要求）的牺牲品。

为什么 EIGRP 能够在几乎毫无设计的情况下就能很好地支持大型网络呢？为了更好地理解其原因，有必要对 EIGRP 的操作进行简要回顾（以图 7.9 中的拓扑结构为例）。

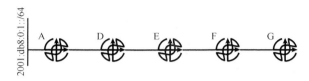

图 7.9　EIGRP 操作示意图

如果路由器 A 去往 2001:db8:0:1::/64 的链路出现了故障，那么会出现什么情况呢？

1. 路由器 A 将首先检查本地信息以确定该目的端是否存在 LFA（即 EIGRP 中的 FS）。

2. 如果没有找到，那么就将该路由标记为活动状态（表示 EIGRP 正在寻找去往该目的端的备用路由），并向所有邻居（对于本例来说就是路由器 D）发送查询消息。

3. 路由器 D 收到查询消息后将检查本地路由表，发现路由器 A 是去往 2001:db8:0:1::/64 的唯一可用路径，因而路由器 D 将该路由标记为活动状态，并向路由器 E 发送查询消息。

4. 与路由器 D 的操作相同，路由器 E 将向路由器 F 发送查询消息。

5. 与路由器 E 的操作相同，路由器 F 将向路由器 G 发送查询消息。

6. 路由器 G 发现它没有邻居进行查询，因而将 2001:db8:0:1::/64 标记为不可达，并向路由器 F 发送回应消息，声明它没有去往目的端的备用路径。

7. 路由器 F 收到回应消息之后，也将该路由标记为不可达，并向路由器 E 发送回应消息，声明它没有去往该目的端的备用路径。

8. 以此类推，直至路由器 A 从路由器 D 收到回应消息。此后路由器 A 将在路由表中删除该路由，并以一个不可达的度量值发送 2001:db8:0:1::/64 的路由更新，致使其他路由器也从路由表中删除该目的端。

注：

即便对于图 7.9 所示的简单网络来说，上述查询过程也显得较为繁冗，甚至"不是很有用"。事实上，EIGRP 的查询机制被设计为在以前标记为环回路径（或者因水平分割机制而没有报告的路径）中查找备用路径，因而 EIGRP 的查询进程与链路状态协议发现远程 LFA 的机制非常类似，只是将查询进程作为正常收敛进程的一部分内置在协议中，而没有作为快速重路由机制。

对于上述过程来说，需要关注如下信息。

- 该过程携带的状态量很少。因为 EIGRP 是一种距离矢量协议，不携带任何拓扑信息，仅有可达性信息。

- EIGRP 通过这种扩散更新过程，将寻找可用备用路径的负载扩展到故障域内的每台路由器。这种负载扩展机制使得 EIGRP 在大型环境中显得非常健壮（可以支持 50 万条及以上路由以及数百个邻居，特别是星型拓扑结构）。

- 上述发现备用路由的过程与在树上实时运行 SPF 非常相似。由于采用的是串行执行方式，因而 EIGRP 连微环路也不会形成，数据包只会在收敛期间被丢弃，但绝不会形成环回。

那么 EIGRP 为什么能在几乎毫无设计的网络中具有如此强大的扩展能力呢？这是因为与其他大多数协议相比，EIGRP 的控制面携带的状态量最少，而且 DUAL（Diffusing Update Algorithm，扩散更新算法）在通过网络传播收敛负载方面做得很好。

那么 EIGRP 网络为何会失败呢？这是因为 EIGRP 在遇到以下网络情形时会出现某种形式的收敛失败现象。

- "查询尾部"超长。如果没有查询消息中包含的目的端的本地路由信息（通常是"网络边缘"或者聚合可达性信息的位置），那么 EIGRP 查询操作就会停止。如果网络未配置聚合机制，那么网络中的每台路由器都要处理每条查询消息。如果因单条链路故障而导致成千上万个目的端断开网络，那么这种实现 EIGRP 健壮性的分布式收敛进程就会阻碍协议的正常工作，大大增加网络收敛所需的工作量。

- 大量并行路径。由于每台 EIGRP 路由器都要向所有邻居发送查询消息，所以大量并行路径会导致需要通过网络传输大量查询消息，使得 EIGRP 的状态机不堪重负，导致 DUAL 适得其反。

- 网络中同时使用了低内存或低处理性能的网络设备以及高处理性能和高内存的网络设备。如果在网络中错误地匹配了一组设备，那么就意味着某台路由器可以快速向邻居发送成千上万条查询消息，而邻居却根本无法处理如此大量的查询操作。同样，在这种情况下，DUAL 进程也会适得其反。

这些情形的最明显结果就是出现 SIA（Stuck-in-Active，始终处于活动状态）路由。由于 EIGRP 网络中的每台路由器都要发送查询消息，因而会设置一个定时器。路由器希望在这段时间内收到该查询的回应消息。如果在这段时间内未收到回应消息，那么就宣称该路由处于 SIA 状态，并重置与未回应邻居之间的邻接关系。

可以想象，如果协议处于大量收敛事件的压力下，那么可以做的最后一件事情就是重置邻居的邻接关系，进而导致下一轮查询操作，从而给网络造成更大的压力。为什么要将协议设计成这种工作模式呢？因为触发了定时器之后，控制面就已经超出了 DUAL 定义的有限状态机范畴，除非重置状态机，否则没有任何办法能够解决这个问题。

多年以来，大批工程师在网络中看到 SIA 路由后都只是增加 SIA 定时器，但这种做法却是完全错误的解决方案。如果将 SIA 定时器视为允许网络保持非收敛状态（此时会丢弃应该能够到达目的端的数据包）的时长，那么就能立即看到增加该定时器所带来的负面影响。事实上，需要同时从网络和协议的角度来解决这个问题。

这些问题都是从大型网络环境下的实际应用经验中发现的。作为解决手段，应该从以下两个方面采取了措施。

- 改变原先认为 EIGRP 是一种可以运行在任意配置上的万能协议，以更客观的视角来看待 EIGRP。虽然 EIGRP 可以支持各种拓扑结构和网络条件，但仍然需要考虑到一些特定的设计参数，如故障域的大小以及所部署设备的质量等因素。从复杂性的角度来看，这实际上就是将部分应该由协议处理的复杂性转移给了网络设计人员，此时需要重点关注平衡网络复杂性的位置。

- 修改 EIGRP 的 SIA 进程，允许协议能够更优雅地在 DUAL 状态机内保持更长的时间，同时减少对实际网络操作的影响。具体来说，SIA 定时器超时会沿着查询链传送新的查询消息，而不是重置邻居的邻接关系，从而允许处理性能和内存较弱的路由器能够拥有更多处理大量查询消息的时间，或者在不影响总体网络的情况下理清本地的邻接关系。从复杂性的角度来看，为了解决实际部署中出现的这些问题，需要在网络中增加一组数据包和定时器，但这样就增加了协议的复杂性。此时需要在部署复杂性与协议复杂性之间做出权衡，这是因为处理协议复杂性似乎并不比在全球范围内重新设计所有 EIGRP 网络更困难。

从多年的实践经验可以看出，EIGRP 的开发与优化过程展现了在现实世界中处理复杂性的权衡取舍问题。有时应该将复杂性转移到其他地方，有时则应该在协议中保持复杂性，这一切都取决于工程师所面临的具体情况。

7.4　最后的思考

协议、设计以及系统复杂性之间的关系本身就是一个非常复杂的话题。虽然本章仅仅讨论了这个复杂而又有趣的研究领域的一些表面问题，但这些案例及其思考方式可以为大家今后的进一步研究（至少可以认识到各种情况下的权衡取舍以及转移复杂性的解决思路）奠定坚实的基础并提供一套有用的分析工具。

第8章

复杂系统的故障原因

所有幸福家庭的快乐方式都几乎完全相同，而不快乐家庭的痛苦方式却千差万别。

这句话稍作改动即可应用于网络世界，即"所有成功网络的成功方式都几乎相同，而失败网络的失败方式却千差万别。"因此，学习网络设计的最佳方式之一就是仔细研究失败的网络设计案例，工程师们可以从每个失败的网络设计案例中学到不同的经验教训。

如果想学好网络工程知识，还需要理解一些基本的失败理论：理解了"失败理论"之后，可以为工程师们提供一个知识框架，不但可以将故障放在其中，而且还可以将创新思维放在其中。知道了应该寻找哪种故障模式（然后确实去寻找这些故障模式）之后，就能从系统中的协议、网络设备以及各种新旧想法中有效评估潜在故障。对于网络工程来说，我们希望发现网络中需要解决的问题，然后再去解决这些问题，而不是考虑复杂性的权衡取舍，也不是考虑协议或网络可能产生的故障模式。

潜在故障模式的概念与意外结果以及复杂度曲线左下角的不可达空间（或 CAP 定理的不可见三角形，如第 1 章所述）密切相关。

本章将从理论角度来分析网络故障的两大主要原因：

- 正反馈环路；

- 风险共担。

虽然它们看起来有些不好理解，但本章会通过一些具体案例来帮助大家理解每种情况下应该分析的要点。此外，本章还将详细分析这些故障模式，以确定它们与其他所宣称的网络故障原因（如微调控制面的速率或重分发）之间的作用方式。

8.1   反馈环路

反馈环路对许多事情来说都很有用。例如，在锁相环中通过精细化控制反馈环路就能以产生一个频率恒定的波形或载波。事实上，锁相环是所有现代无线电系统的基础。反馈环路的另一个应用案例就是控制空气和燃料流入内燃发动机和喷气式推进发动机的各种控制机制。如果没有反馈环路，那么这些发动机只能运行在极低水平上，而且运行效率也极低。

反馈环路分为正反馈和负反馈两种。图 8.1 以一个非常简单的振荡信号为例解释了负反馈环路的基本概念。

图 8.1 包含两台设备，从理解反馈环路概念的角度出发，大家无需深入了解图中每个组件的实际工作机制。

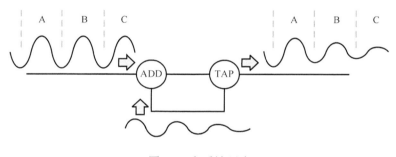

图 8.1   负反馈环路

- **ADD 设备**：该设备简单地提取两路输入信号并组合成一路输出信号。

- **TAP 设备**：该设备简单地复制输入侧信号并按照规则要求进行修改，然后将结果通过第二个输出接口输出出去。

本例将 TAP 设备配置为反转信号并稍微降低其强度（更准确的说法是振幅），情况如下。

1．标记为 A 的波段通过 ADD 设备。

2．刚开始 ADD 的第二个输入端没有信号，因而波形通过 ADD 设备后没有发生变化。

3．波形继续进入 TAP 设备。

4．TAP 设备生成一个振幅较小的波形副本并进行反转（致使正峰值与负峰值相反），然后再将该波形副本信号沿路径传回到 ADD 设备的第二个输入端。

5. 由 ADD 设备将 TAP 设备反馈回来的信号添加到原始信号中。

6. 由于该信号已被反转，因而这两个波形信号相加后会降低 ADD 设备的信号输出强度。该过程与下面的数值处理过程非常相似：假设有一个很大的数值，将其乘以某个非常小的数值（如 0.01）之后，反转该数值（从正号改为负数），然后再将反转后的数值与原始数值相加。

7. 上述过程的效果是降低了 ADD 设备的输出电平。

8. 此后，该强度降低后的信号将反馈到 TAP 设备中，TAP 设备继续按照前面相同的比例提取接收信号，然后再将其反转并反馈给 ADD 设备。

从图中右侧的输出信号可以看出，该信号的强度将不断衰减。虽然通常认为这种情况将趋于稳定，但实际上该电路不可能无限期地运行下去，而且从 TAP 设备输出的信号的强度将最终减弱到无法测量的程度。为了更直观地说明这一点，可以考虑将负反馈环路想象成螺旋形，其中的螺线表示信号强度，随着时间的推移，输出端的衰减信号将如图 8.2 所示。

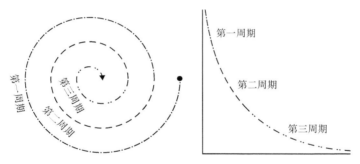

图 8.2   负反馈环路的另一种解释

图 8.2 左侧的螺旋图以一组圆圈表示了该电路的输入和输出信号，这些圆圈逐渐靠近螺旋的零点（即信号衰减到无法测量的位置）。图 8.2 右侧的曲线则显示了信号强度不断衰减的曲线图形（图中标记了相同的圈数以做对比）。

为了解释正反馈环路的概念，只要将图 8.1 中的 TAP 设备的操作进行反转即可（如图 8.3 所示）。

此时的 TAP 设备被配置为让信号与原始信号保持同相并稍微降低信号强度（更准确的说法是振幅），情况如下。

1. 标记为 A 的波段通过 ADD 设备。

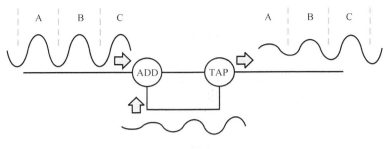

图 8.3 正反馈环路

2. 刚开始 ADD 的第二个输入端没有信号，因而波形通过 ADD 设备后没有发生变化。

3. 波形继续进入 TAP 设备。

4. TAP 设备生成一个振幅较小的波形副本，然后将该波形副本信号沿路径传回到 ADD 设备的第二个输入端。

5. 由 ADD 设备将 TAP 设备反馈回来的信号添加到原始信号中。

6. 由于该信号未被反转，因而这两个波形信号相加后会增加 ADD 设备的信号输出强度。

7. 该过程与下面的数值处理过程非常相似：假设有一个很大的数值，将其乘以某个非常小的数值（如 0.01）之后，再与原始数值相加。

8. 上述过程的效果是增强了 ADD 设备的输出电平。

9. 此后，该强度增强后的信号将反馈到 TAP 设备中，TAP 设备继续按照前面相同的比例提取接收信号，然后再将其反馈给 ADD 设备。

同样，我们可以采取其他方式来说明这个概念（如图 8.4 所示）。

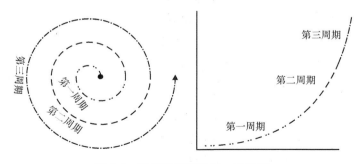

图 8.4 正反馈环路的另一种解释

从图 8.3 和图 8.4 可以清楚地看出正反馈环路的危险性。首先，除非有某些限制信号幅度的设置，否则这种环路将永无止境。事实上，绝大多数使用正反馈环路的系统都会部署某种形式的限制器，很多时候限制器都是系统固有的某些物理特性。以音频系统的反馈环路为例，如果麦克风放置得太靠近扬声器，那么就很可能会听到啸叫噪音。出现这种类型反馈的原因是麦克风（即上图中的 TAP 设备）捕捉到了扩音及扬声系统中的噪声（始终存在），然后反馈给放大系统（即上图中的 ADD 设备），从而形成音量更大的噪声。然后麦克风又捕捉到该音量更大的噪声，从而放大成更大的噪音，然后再通过扬声器进行播放。音频系统中的限制因素就是扬声器的音量上限以及麦克风的物理特性。

其次，系统到达限制器限定的极限值之后，将永远保持不变。如果要降低变化的速率或强度，只要利用 TAP / ADD 设备的反馈操作即可实现，这种反馈机制包含了将系统恢复到极限点所需的各种信号电平（随着时间的推移）。这一点在控制系统和电子学领域称为饱和。

注：

从上面的示例可以看出，正反馈环路总是会增强输出电平，这是因为输入信号和输出信号的一部分在处理过程中被叠加在了一起。不过，由于很多正反馈环路的应用只是为了实现稳定性，因而常常将其称为自增强反馈环路或稳定反馈环路。在这种情况下，增加正反馈环路的目的不是为了增强输出信号，而只是为了将输出信号稳定在较高电平，其结果就是将输入信号恒定放大为输出信号，而不是不停地增强输出信号。为简化讨论，本书将这些案例也视为正反馈环路。

正反馈环路与负反馈环路之间的区别在于上述案例中反馈到 ADD 设备的数值的符号。如果反馈到 ADD 设备中的是负数，那么该反馈环路就为负。如果反馈到 ADD 设备中的是正数，那么该反馈环路就为正。反馈的陡度（即影响输出信号的速率）与 TAP 设备提取并反馈到 ADD 设备的原始信号的百分比有关。百分比越高，则输出信号增强或减弱的速度就越快。

8.1.1 网络工程中的正反馈环路

反馈环路（特别是正反馈环路）与网络工程有何关系？从第 2 章关于网络复杂性模型的描述中可以看出，反馈环路与复杂性模型的 3 个组件都有关系：状态、速度以及交互面。理解反馈环路与复杂性之间关联关系的最佳方式就是案例。本节将考虑数据包复制环路、重分发环路及链路震荡控制面故障环路。

1. 数据包环路

虽然网络中的数据包环路比想象得更为常见，但数据包环路并不总能形成反馈环路，因而并不总是与网络故障有关。图 8.5 给出了一个典型的数据包环路示意图。

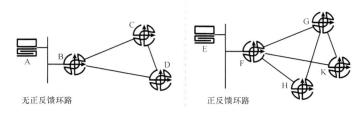

图 8.5   数据包环路示例

图 8.5 的左半部分显示的是不会发生数据包复制的环路，因而没有明显的正反馈环路。主机 A 发送的数据包由路由器 B 转发给路由器 C，由路由器 C 转发给路由器 D，然后再转发给路由器 B，路由器 B 则再次转发给路由器 C。不过，图中存在一个自维持环路，即足以维持网络中链路的流量不断增长的正向反馈。如果主机 A 发送了足够多的流量，那么该自维持环路仍然能够让流量达到限制器限定的流量极限或饱和点。

为便于解释，假设防止流量沿该环路永远传递的唯一方法就是在数据包中设置最大跳数限制，即 TTL（Time to Live，生存时间）。如果 TTL 设置得非常大（以允许大直径网络[即具有大量跳数的网络]），那么主机 A 发送的每个数据包都会加重网络的负载，而早先的数据包仍然要将 TTL 递减至零。如果 TTL 设置为 16，那么主机 A 在网络中其他链路消耗的带宽量就是从自身到路由器 B 的链路可用带宽的 16 倍。假设主机 A→路由器 B 链路带宽为 1Gbit/s 那么主机 A 沿[B,C]、[C,D]和[D,B]链路消耗的带宽将达到 16Gbit/s（全部加在一起，每条链路都是 16Gbit/s 的 1/3）。

对于上述转发环路来说，限制器指的是什么呢？此时的限制器可能包括：

- 转发路径中任何设备可以转发流量的速度；

- 连接这些设备的链路的带宽；

- 发送到转发环路中的数据包的 TTL。通常并不能将 TTL 算作限制器，因为很多时候为了跨越大直径网络进行传输，都会将 TTL 设置得比较大，而且总是大到无法防止转发环路带来的破坏行为；

- 控制面状态穿越转发环路所穿越链路的可行性。

上面大多数限制器都比较明显，只有最后一个限制器显得比较复杂。控制面的可行性指的是什么意思呢？如果转发环路中的链路的流量变得足够大，以至于出现丢包，那么控制面就无法维持其状态。如果控制面状态出现了问题，那么就（可能）会从表中删除那些构成链路的可达性信息，从而"解开"环路。如果环路稳定，那么在控制面重新学习了环路中的链路的可达性信息之后，就会重新建立环路。

2．控制面中的数据包环路

形成反馈环路的转发环路在网络中是如何建立的？问题通常都出在控制面。一般来说，如果网络的实际状态与控制面的网络视图不匹配，那么控制面就会形成转发环路。下面将通过一些具体案例来解释该问题的出现原因及时机。

相互重分发

图 8.6 给出了在两种路由协议之间进行相互重分发的网络示意图。

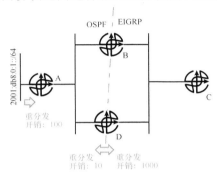

图 8.6　重分发控制面环路

网络中的路由器 A 以开销 100 将路由 2001:db8:0:1::/64 重分发给了路由器 B 和 D 的 OSPFv3。为了简化说明，本例仅考虑环路的一侧，路由器 B 将该目的端重分发给了 EIGRP（度量值为 1000），此后路由器 D 将 2001:db8:0:1::/64 作为 EIGRP 外部路由，将其重分发回 OSPF（开销为 10）。然后路由器 D 沿着路由器 A、B 和 D 的共享广播链路将该路由宣告回了路由器 B。也就是说，该路由以开销为 10 的外部 OSPF 路由到达路由器 B。由于经由路由器 D 的开销（10 加上链路[B,D]的开销）小于经由路由器 A 的路由的开销（100 加上链路[B,D]的开销），因而路由器 B 将选择经由路由器 D 的路径到达该目的端。对于这类路由环路来说，虽然在两种路由协议之间不断重分发目的端，会导致开销不断增大而最终解决该路由环路问题，但是在第一个重分发周期结束之后，很快又会重新建立这种路由环路。当然，只要选择合适的重分发度量方式，就能让这种类型的路由环路保持稳定。

注：

这样做可行的原因是原始路由被重分发到 OSPF 中，而不是简单地宣告到 OSPF 中。2001:db8:0:1::/64 必须是两个入口点的外部路由，否则路由器 B 和 D 将拥有一条内部 OSPF 路由和一条外部 OSPF 路由，而且始终优选内部路由（次选外部路由），从而打破了路由环路。形成这类路由环路的要求是进行多点重分发。

大家可能会认为问题的实质是在一个路由域中传递的信息被泄漏或重分发给了另一个路由域，然后又被重分发回到原路由域中。认为这种相互重分发操作是问题的根源。虽然删除了相互重分发操作或者阻止重分发路由被再次重分发（利用过滤器、标签、团体属性或其他机制）能够解决这个问题，但相互重分发并不是问题的根源。

问题的根源是在重分发过程中删除了网络的状态信息。回顾一下基础的路由知识，路由协议在确定去往目的端的特定路径是否存在环路的机制就是检查度量值。由于两种路由协议的度量值无法进行直接比较，因而必须简单地配置或者以某种方式计算分配给重分发路由的度量值，但无论采取何种配置或计算方式，此时网络的状态信息（对于本例来说，就是去往目的端的路径的开销）都可能会在重分发路由的过程中丢失。

因此，在两种不同的路由协议之间重分发路由信息时，会导致网络的实际状态与控制面所认为的网络状态出现不匹配问题。出现了这种不匹配问题之后，就可能会存在路由环路问题，进而导致网络出现（可能永久的）转发环路。

微环路

第 7 章花了大量篇幅来解释微环路问题及其解决方案，特别是希望提高协议复杂性以试图达到图灵曲线的"平衡点"（详见第 1 章）。为了更好地解释微环路问题，这里有必要以图 8.7 为例简要回顾一下转发环路问题。

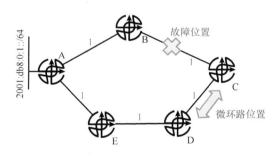

图 8.7   控制面中的微环路

假设该网络正在运行链路状态协议，而且路由器 D 去往 2001:db8:0:1::/64 的最佳路径是经由路由器 C，那么链路[B,C]出现故障将会导致路由器 C 与路由器 D 之间形成环路（在路由器 C 收敛之后且路由器 D 收敛之前）。虽然第 7 章给出了该问题的一些解决方案，但问题的根源究竟在什么地方呢？

虽然最明显的原因在于两台路由器应该在同一时间进行重新计算，但实际的根源却在于真实的网络拓扑与路由器 D 认为的网络拓扑不匹配。这就进一步强化了前面的观点：无论什么时候，只要实际的拓扑结构与控制面的拓扑结构视图之间存在不匹配问题，那么就会出现不好的结果。

从这个角度来看，就很容易理解为什么这个问题难以解决了。CAP 定理指出，在设计一个一致性、可用性且分区容忍性的数据库时（也许应该是 CAT 定理，以纪念那神秘的生灵——猫？），必须从这三个条件中选择两项。如果将控制面简单地视为分布式实时数据库，那么路由协议就必须放弃某些东西，但是应该放弃哪一项呢？

分区容忍性对于分布式路由协议来说肯定无法放弃，否则将破坏分布式特性的本质。而可访问性也是毫无疑问的要求，如果参与控制面的设备无法在任意时间访问路由协议数据库，那么对于分组转发任务来说将毫无用处。这样一来，一致性就是分布式控制面中必须放弃的那一项。正如第 7 章有关微环路问题的讨论那样，没有什么简单的方法能够解决不一致视图所带来的问题（实际上根据 CAP 定理，无论转移了多少复杂性，都没有任何办法能够真正解决复杂性）。

当然，我们还可以做出另一组选择，那就是将控制面数据库集中化，去掉 CAP 定理中的"P"，从而在理论上使得"A"和"C"成为可能。但是从第 10 章中可以发现，现实网络并非总能如此解决问题。

8.1.2 速度、状态与交互面：网络控制面的稳定性

了解了反馈环路的背景知识之后，接下来将继续讨论复杂性问题。本节将首先讨论另一个控制面环路案例，然后再继续讨论与网络工程有关的复杂性组件：速度、状态及交互面。

1. 生成树故障案例研究

生成树很有名（或者说这个术语很有名），能够级联控制平面故障。图 8.8 所示为可以用来在其上跟踪这种平面故障的一个小型网络。

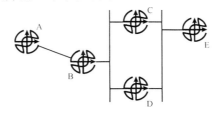

图 8.8　生成树故障案例

该网络以交换机 A 为根网桥，路径[B,D]被生成树协议所阻塞。假设下列两个事件同时发生。

- 某条超大单向流穿过该交换网络（占用了大量可用带宽），从交换机 A 经由交换机 B 和 C 到达交换机 E（并在某个位置离开交换机 E）。

- 由于交换机 B 上的某些进程出现了差错，导致 BPDU（Bridge Protocol Data Unit，桥接协议数据单元）进程发送正常的 Hello 报文时失败。

如果交换机 B 的生成树进程无法发送正常的 BPDU，那么交换机 C 和 D 将选择新的根网桥，从而确定经由网络的最短路径集，而不考虑交换机 A 作为根网桥的当前状态，也不考虑交换机 B 的存在，从而导致链路[B,D]可以传送流量，因而：

- 源自交换机 A 的流量将通过广播链路[B,C,D]进行传输；

- 交换机 C 和 D 都会将该流量传输到广播链路[C,D,E]上；

- 交换机 D 将在[C,D,E]接口收到相同的流量，并将其重新传回广播链路[B,C,D]，从而形成转发环路。

形成了转发环路之后，唯一的限制因素就是网络中链路、接口以及转发设备的饱和点。链路上有了流量之后，生成树赖以沿网络拓扑结构建立最短路径树的 BPDU 就会被丢弃，导致网络进一步分裂成多个独立的交换机，每个交换机都会选择自己的根网桥。网络到达该状态之后将无法自行恢复，除非网络中的一台（或多台）交换机出现故障，导致流量停止转发，此时生成树才有机会在网络中重新建立无环路径。

2. 跷跷板问题

前面所说的案例还有一些问题需要考虑，这里将利用状态/速度/交互面模型将这些问题纳入复杂性范畴。

- **状态**：对于前述案例来说，控制面状态在启动或维持反馈环路方面发挥了重要的作用。但问题在于缺乏有关网络拓扑结构实际状态的信息。无论什么时候，只要控制面所认为的网络拓扑结构与现实世界中真实存在的实际网络拓扑结构之间存在不匹配情况，那么就会出现转发问题。前述案例利用数据包环路通过丢包（生成树故障）来消除拓扑结构信息，并删除了描述实际网络拓扑结构（重分发）的控制面状态，以说明控制面状态与实际情况的不匹配问题。

- **速度**：控制面的信息丢失（导致实际网络与控制面的网络视图之间出现不匹配问题）是前述案例的主要原因，但是速度在其中发挥的作用也不可小觑。对于微环路来说，控制面的更新速度就跟不上网络拓扑结构的变化速度，但是加快控制面的更新速度只会给交互面带来更多的复杂性问题，复杂性本就不存在免费的午餐（或者说，复杂性问题绝不可能通过设置定时器以加快运行速度就能轻易解决）。

  换一种角度来看，可以将这个问题视为跷跷板：网络对拓扑结构变更的反应速度越快，控制面形成正反馈环路的概率就越大。速度有好的一面，也有坏的一面。

如果在跷跷板的一侧没有考虑到重量发生变化时会出现什么情况，那么你所在的一侧就很容易直接撞向地面。如果只是"看到"而不是"看"，那么会出现什么情况呢？是令人讨厌的撞击还是更糟糕的情况呢？

- **交互面**：前两个案例（重分发和生成树）通过连接两个不同系统的交互面的宽度和深度解释问题。重分发案例中的两种路由协议之间的交互面深度应该说还不够深。由于这两种路由协议并没有完全交换各自的路由信息，因而交互面的效率较低。同时，重分发案例中的交互面宽度又过宽，因为只应该在网络中尽可能少的位置进行路由重分发操作。虽然减少重分发点的数量可能会降低流量流穿越网络的效率，但这是与控制面状态之间很常见的一种权衡取舍。

生成树故障案例中考虑的交互面位于控制面与流经网络或数据面的流量之间。虽然这通常并不是网络工程师们所考虑的交互面，但是由于控制面与数据面位于相同的链路上（控制面在带内），因而需要考虑一个明确的交互面。

第三个案例（微环路）以另一种方式解释了交互面问题。可以说控制面是一个系统，而网络拓扑结构也是一个单独的系统，因而通过控制面检测拓扑结构的状态就是交互面。在这种情况下，交互面可以说是太浅了，因为此时控制面的响应速度无法始终跟上拓扑结构的实际变化速度。这是看待前述段落中有关状态与速度问题的另一种方式。

8.2 风险共担

虽然系统间或系统内的反馈环路看起来比较复杂，不过只要知道了希望查找的内容就能很容易发现这类反馈环路。但风险共担对于所有网络来说通常都很难发现，这是因为风险共担的场景通常都被故意隐藏在为减少网络复杂性的分层设计或抽象设计之下。那么什么是风险共担问题呢？风险共担对现实世界中的网络故障有何影响？理解这类问题的最好方法还是案例。弄清楚案例之后，就可以将风险共担问题回归到本书一直在用的复杂性模型：速度、状态及交互面。

8.2.1 虚电路

虚电路并不是什么新事物，事实上，利用带标记的数据包头部将多条"电路"整合到单条物理线路上对于网络来说早已屡见不鲜。从多路复用的 T1 开始，到帧中继，然后再到最新的在以太网帧中设置 802.1Q 和 802.1ad 报头，从而将单条以太网链路分解成多个虚拟拓扑结构。对于数据链路协议来说，虚拟化一直都是固有的规则，而不是例外。如今的工程师们可以从 VXLAN、MPLS 等众多技术中选择他们的链路虚拟化技术。

虚拟化的主要好处如下。

- 隐藏虚拟拓扑结构的能力，这种形式的信息隐藏能力不但能够减少叠加式控制面所承载的状态量，而且还能降低控制面必须对拓扑结构的变更响应速度。

- 将物理拓扑结构抽象到多个逻辑拓扑结构中的能力，每个逻辑拓扑结构都有自己的特点（如每跳行为）。

- 经由比最短路径更长的路径传输流量的能力（提高特定路径的使用率），以满足特定的业务或操作目标。

当然，虚拟化也有一个缺点，即 SRLG（Shared Risk Link Groups，风险共担链路组）（如图 8.9 所示）。

假定：

- 路由器 A 和 B 是服务提供商 X（在两个城市之间经营高速链路）的分界（或切换）点；

- 路由器 C 和 D 是服务提供商 Y（在两个城市之间经营高速链路）的分界（或切换）点。

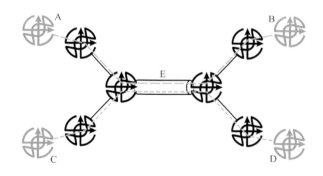

图 8.9　SRLG

假设客户从服务提供商 X 购买了虚电路，并从服务提供商 Y 购买了备用链路，以连接它们在两个城市（由这两个服务提供商负责连接）之间的基础设施。此后，铲斗机操作人员在工作过程中挖断了链路 E（也许他们正在清理路边的排水沟）。

这将导致两条虚电路均出现故障，因为它们共享的是同一条物理链路。

那么客户该如何避免这种情况呢？两家服务提供商都不可能准确解释它们的虚电路配

置方式（逐跳解释），因为这样做可能会暴露对服务提供商业务产生负面影响的竞争性信息。从客户的角度来看，单一链接（链路 E）虚拟化创建了一个由于抽象而不可见的 SRLG，而且客户在这种场景下几乎毫无办法，除非使用单个服务提供商，并且要求网络中不允许出现这类场景。

虚拟化抽象可以说是一种泄漏，即低逻辑层上的状态以风险共担组的形式泄漏到高逻辑层中，将单一故障转化为多个不同的故障。

8.2.2　风险共担的 TCP 同步问题

风险共担问题不仅表现为使用由同一条物理链路虚拟出的多条逻辑链路，只要使用了虚拟化技术，就有可能会形成风险共担场景。多条 TCP 流穿越单个缓冲区或队列的行为就属于风险共担的一种场景。图 8.10 解释了多条 TCP 流穿越网络时的行为特性。

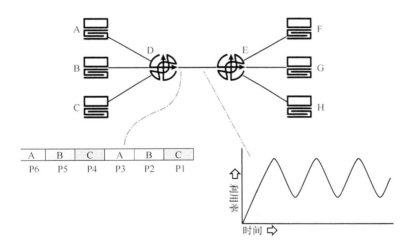

图 8.10　TCP 同步

图中的 3 台主机 A、B 和 C 正在向其他 3 台只能通过单条链路[D,E]可达的主机发送 3 条不同的 TCP 流。在路由器 D 处检查输出队列可以发现，目前有 6 个数据包等待发送，每个数据包均来自 3 条 TCP 流中的一条。如果输出队列只能容纳 3 个数据包，那么队列中的其他 3 个数据包就会被丢弃。如果使用尾部丢弃机制，那么就会丢弃最后到达队列的 3 个数据包，即数据包 P4、P5 和 P6。

请注意，由于这 3 个数据包分别来自 3 条不同的 TCP 流，因而这 3 条 TCP 会话都将同时进入慢启动模式。无论这 3 条 TCP 会话是否使用相同的定时器来重建更大的窗口，只要链路[D,E]达到其最大容量的某个百分比之后，就会出现这样的情况，即重新启动该操作周期。其结果就是图中右下方的锯齿状利用率图。很明显此时的链路带宽使用情况处于次优状态。我们可以采用不同的方法来看待这个问题。

首先，可以将其建模成抽象泄漏场景。每个 TCP 会话都将主机到主机的路径视为独占通道（但实际并非如此，图中的通道被所有 TCP 会话所共享），然后将单一链路抽象为 3 条链路，每条链路看起来都像是一条独占链路。这样一来，在路由器 D 的单一输出队列中的潜在泄露现实，会迫使上层协议与潜在泄露现实之间进行交互。

其次，可以将这个问题视为交互面场景，即泄露抽象解释的"另一面"。对于本书一直在用的复杂性理论模型来说，速度、状态以及交互面是其中的关键点。本例中的问题是由底层传输系统（链路[D,E]上的物理和数据链路）与叠加式传输系统（IP 和 TCP）之间的交互引起的。这两个传输系统的交汇处有一个相互作用的交互面，特别是路由器 D 的输出队列。对于此处使用的网络复杂性模型来说，解决这个问题的方式是消除交互面（将三条链路配置为三条实际链路，而不是一条共享链路），或者增加交互深度以及更多的复杂性来解决不同交互之间的细微差异。当然，在为交互面增加交互深度时也会存在权衡取舍问题。

WRED（Weighted Random Early Detection，加权随机早期检测）是解决这个问题的一种实现机制。通过随机丢弃队列中的数据包，而不总是丢弃队列中的最后一组数据包，TCP 进入慢启动的影响就能在不同的 TCP 会话上进行传播，防止不同的流出现全局同步问题。不过，WRED 可能会对流经这类队列的单个流产生副作用。如果在大量长时间存在的流量（大象型流量）中存在少量持续时间很短的流量（老鼠型流量），那么一般就很难精确调节 WRED 来管理这些流量。此时将老鼠型流量和大象型流量放到网络中的不同链路上通常会比较有效，这样就能有效缓解 TCP 同步以及服务质量缓存带来的影响。因此，在试图解决特定交互面中的某些问题时，复杂性的连环影响就像扔出去的石头在水中产生的涟漪一样。

最后一种方式是回到本节的主题，也就是将这个问题视为风险共担问题。此时可以将这 3 条 TCP 流建模成运行在同一个物理基础设施之上的虚电路。路由器 D 的输出队列就是共享资源，3 条 TCP 流都必须穿越该共享资源，因而该队列的风险由这 3 条 TCP 流所共担。

这个案例非常有用，因为这个案例可以帮助大家较为容易地理解处理相同底层问题时的不同建模方法：泄露抽象、交互面以及风险共担。这 3 种模型都能提出不同的解决方案，甚至还可以指出给定解决方案所存在的问题。

8.3 最后的思考

本章涵盖了复杂性与故障之间相互作用的两大场景：反馈环路与风险共担。这两种场景都可以映射到最初在第 1 章提及后来又在全书不断使用的复杂性模型。

- **状态**：网络的实际状态与控制面看到的状态之间的不匹配是控制面形成微环路的根源，而通过各种措施消除实际拓扑结构状态的操作原则是在控制面中形成更永久转发环路的根源。对于风险共担场景来说，如果协议栈中上层协议所创建的抽象模型泄露了单一共享资源的状态，那么就会影响上层协议的操作。

- **速度**：网络实际状态的变更速度可能会超过控制面的响应速度，或者速度快到控制面根本无法做出实时响应。实际上，所有的控制面都只能做到接近实时（而不是真正实时），可以通过提供足够大的"缓存"来避免控制面在快速变更情况下出现故障。

- **交互面**：拓扑结构与控制面之间的交互面在正反馈环路以及很多风险共担问题（如 TCP 同步）中都扮演了非常重要的角色。

8.3.1 有关根源分析的若干思考

本章虽然讨论了故障根源，但这是工程师们必须谨慎对待的概念。复杂系统（特别是高度冗余和高度可用的系统）总是处于伪故障模式，真正复杂的系统当中总是或多或少的有一些不对劲的地方。不过，由于管理和控制故障影响的技术一般都能防范整个系统故障，因而这些问题通常都不会影响整个系统。因此可以推断出，网络出现重大或系统性故障时，原因通常都不止一个，通常都是一组伪故障加上某个起到催化作用的拓扑结构、控制面或转发面故障，才最终导致网络出现系统性故障。

这就意味着对大型复杂系统的系统性故障进行事后分析时，查找单一故障根源通常并不十分有效。事后分析应该尝试找到从某个变化演变为最终故障的原始条件、催化因素、反馈环路以及交互面。对于复杂系统来说，故障并不仅仅是一个故障，故障本身就是一个复杂系统。

此外，也有人性方面的考虑。Robert Cook 给出了有关人性观点的充分表述：

基于这类"根源"推理的评估没有反映出故障本质的技术理解，而仅仅反映了社会和文化需要（归咎于产生相关后果的特定局部因素）……这就意味着人们针对事故所做出的事后分析通常都是不准确的[1]。

　　建立和管理大型复杂系统的组织机构不但要找出故障根源并加以纠正，而且还要将精力放在寻找和解决故障问题上，包括回到最初产生复杂性的业务驱动因素中去。对于由复杂性引起的经常性故障来说，一种可能的解决方案就是要记住复杂性是解决难题过程中产生的副产品，有时唯一真正的解决方案（能够真正降低复杂性的唯一办法）就是降低问题的难度。

8.3.2　工程技能与故障管理

　　对于工程师而言，在大型复杂系统中管理故障的最佳技能是什么？这里有 3 种答案。

- 能够从任意设计方案或部署方案中看出反馈环路的形成位置以及形成原因。正反馈环路可能是控制面故障中最具破坏力的因素。根据多年的网络工程经验，我几乎总能在每个控制面故障中指出充当故障根源之一（或主要根源）的正反馈环路。

- 能够理解抽象并看到交互面（因为它们存在于现实世界中），能够以多种方式对这些交互面进行建模，从而帮助工程师们真正理解当前问题，并在复杂性权衡范围内找到一种好的解决方案。否则简单地忽略权衡取舍的确定问题，只会破坏所有的可能解决方案。

- 提升故障经验。很多技能（如骑自行车）都需要通过体验的方式加以学习。管理大型复杂系统的故障也是其中的一种技能（跟骑自行车一样），而且这项技能在学会之后很难忘记。不过这项技能的学习没有任何捷径可走，只能让新工程师们先经历各种小型故障，让他们在实践中学会相应的思维和工程意识，从而不断提高故障管理的技能，然后再让他们付诸于实施。对于依靠大型复杂系统进行学习的工程师来说，这么做非常困难，但却是必须的。

　　为什么不解决这些问题呢？因为解决复杂性问题没有所谓的"灵丹妙药"。无论解决方案有多么深思熟虑，总是离不开图灵曲线的规则。无论解决方案有多么缜密，也总会出现各种意想不到的后果以及抽象泄露问题。

1　Richard I. Cook, *How Complex Systems Fail* (Cognitive Technologies Laboratory, 2000).

第 9 章

可编程网络

从某种意义上说，网络从一开始就是可编程的。最初由 Tony Li 和 Yakov Rekhter 在华盛顿特区酒吧的两张餐巾纸上勾勒出的 BGP 团体属性，就是在路由控制面中承载了复杂的路由策略。虽然很多路由协议（包括 OSPF、IS-IS 以及 EIGRP）的标记功能对于简单任务来说已经足够，但是只有具备了将完整策略集应用于单一前缀的能力之后才能扩展整个能力范围。除了可编程网络之外，策略路由和流量工程还能做什么？当前驱动网络可编程的因素有何不同（截至本书出版之时，网络技术的发展变化日新月异，几乎与男人领带的宽度以及女人裙子的长度的变化一样快）？DevOps 与 SDN（Doftware-Defined Network，软件定义网络）有何区别，以及推动可编程网络发展的驱动力是什么？有关这些问题的可能答案如下：

- 与控制系统及转发系统进行交互的特定机制；

- 商业变化速度；

- 技术变化所感知的商业价值观；

- 分布式控制面的感知复杂性。

本章主要为第 10 章提供必要的基础知识，因而首先讨论可编程网络的驱动力以及相关定义，因为这些都是网络工程师们在考虑如何以及在何处部署网络可编程性时所必须做出的权衡取舍。然后再讨论一些常见的网络可编程性用例，从而更好地说明可编程网络的业务驱动力及其相关定义，最后再通过一些建议接口来分析 SDN 的布局问题。

9.1 驱动力与定义

几年前，某国际服务提供商经历了一次大规模的网络中断。该服务提供商的管理层将

16 位知名的网络设计与技术支持工程师（来自全球技术支持团队的杰出工程师）召集到一间办公室，要求重构网络（无论花费多长时间），以保证网络永远不会再出现故障。据相关工程师介绍，"这样一个完美的设计需要花费很长的时间才能实现，我们每天在做就是一个人在白板上写，另外 15 个人就在擦白板。"将这个故事平移过来就可以定义可编程网络：如果让 16 名工程师在房间里定义"可编程网络"，那么最终情况就是每个人都在不断地提出新方案，其余的人则在不断地挑毛病。

考虑到大家无法擦除本书，因而本节将试图回答"什么是可编程网络"这个问题。最简单的定义方式就是从可编程网络的驱动力入手，我们将要讨论的驱动力包括：

- 商业驱动力；

- 集中式的周期性变化。

9.1.1   商业驱动力

每个企业都是信息型企业。

如果大多数企业都认为它们不属于信息行业，那也没关系。事实上，所有的企业都与信息相关（即使关注的信息重点一直都在发生变化），首先是与技术（工艺）相关的信息，其次是与交易过程中信任哪些人（商业系统）相关的信息，最后是与技术回报（制造系统）相关的信息等。对于当今的商业社会来说，每个人的脑海中最先涌现出的信息就是顾客：他们是谁、他们想要什么，以及如何以一种能够引起他们注意的方式与他们"交谈"？

新旧信息经济之间的主要区别之一就是商业领袖希望了解的事物的变化速度。与最新的流行时尚相比，制造系统、技术、配方、流程以及贸易伙伴的变化速度要缓慢得多，而客户需求的变化速度则像风暴中的风向一样。随着推动企业发展的信息量的快速增长，商业领袖自然而然地希望寻找相应的方法来管理这些信息。正如 Jill Dyche 所言："随着大数据的出现，商业人士更倾向于通过信息透镜来看待连接，整合关键数据，从而努力实现业务的单一视图。"[1]在一套完全静态的系统（包括网络）上处理和生成信息是极为困难的。

虚拟拓扑结构能够快速有效地建立在底层物理架构之上，以有效应对各种新应用和新需求。虽然底层物理架构通常会在设计方案及覆盖范围上保持较强的稳定性（采用能够实现快速扩容的可扩展设计方案即可），但是在不同应用或不同业务的短期需求或长期需求涌

---

1 Jill Dyche, The New IT: How Technology Leaders Are Enabling Business Strategy in the Digital Age (McGraw-Hill, 2015)

现出来之后，我们完全可以利用各种新的虚拟拓扑结构来满足并管理这些需求。

传统的分布式控制面很难以常规方式生成这种叠加式拓扑结构，而可编程网络则能够以更快的速度构建和管理这种叠加式拓扑结构，从而提供与业务发展速度相媲美的信息管理能力。

不过，增加收入只是推动可编程网络快速发展的一个方面。手工配置网络需要大量的时间、精力和专业知识，而且还经常因为人为差错而导致大量错误。以手工方式在大量设备上重复相同的配置将不可避免地出现各种错误，而自动化操作对于常规任务的大量重复劳动来说已经相当成熟，不但能够节约大量时间，而且还能降低 MTBM，从而大大提升网络的可用性。网络配置任务自动化可以降低网络运行的 OPEX，从而有效降低网络的底线要求。

可编程网络降低网络底线要求的另一种方式是提升网络的整体利用率。例如，网络流量通常都遵循一定的日、小时、周或季节模式。由于很难将流量快速迁移到利用率较低的链路上，因而网络运营商通常都要超前建设其网络容量，确定链路容量的标准就是支持该链路上的最大流量，从而导致非峰值时段的带宽利用率非常低，致使投资回报率不高。如果网络是可编程的，那么就能以实时方式来调节网络流量，提升网络的负荷，或者直接通知网络中的某些应用（如备份任务），要求它们在适当的时间段发送流量。通常将这种提前规划网络带宽使用情况的方式称为带宽调度（Bandwidth Calendaring）。虽然带宽调度并不能取代有效的带宽规划，但是完全可以将以峰值负荷为基础的网络容量建设模式转变为以接近均值负荷（在较长时间段内的平均负荷）为基础的网络容量建设模式。

最后，很多网络运营商都将可编程网络视为一种将硬件投资与软件或系统投资相分离的网络模式。对于传统网络来说，控制面（决定了网络的基本架构）与硬件密切相关。购买了特定供应商的设备之后，运营商就与这些功能组合捆绑在一起。供应商们经常会从互操作性角度，将"标准化就足矣"的产品演变成精美的工艺品，从而在产品中设置最大程度的排他性功能特性。不过从供应商的角度来看，这些"锁定功能"却都变成了所谓的创新和增值特性。

很多运营商都将可编程网络视为走出与供应商这种绑定关系的出路。可编程网络通常都能提供与供应商"锁定功能"相类似的服务水准，避免被供应商所绑定，从而有效降低 CAPEX（Capital Expenditure，资本支出），导致供应商也不得不将硬件与软件功能进行分开竞争。

9.1.2　集中式与分布式的周期变化

当然，可编程性的另一个驱动力来自于信息技术领域的集中式与分布式的周期性变化。当初的台式机早就被 IT 部门束之高阁了。早期的数据基本上都是利用台式机（通过终端仿真卡连接到大型机上）的屏幕抓取程序从大型机上抓到 Lotus 123 以及其他软件程序中。后

来随着组织机构内部分发数据的需求日益旺盛，IT 部门又试图通过 minis、SQL（Structured
Query Language，结构化查询语言）以及中间件等机制来重新获得控制权。不过截至本书
出版之时，集中化又成为业界的新一轮发展热点，这次的驱动力是云计算。那么推动集中
式与分布式周期性变化的驱动力究竟是什么呢（如表 9.1 所示）？

表 9.1　　　　　　　　　　集中式与分布式通用处理机制的对比

	集中式	分布式
数据所有权	分散在大量设备上的信息难以管理、保护并进行联合挖掘。集中化有助于将数据导入集中的资料库中，从而有效共享和保护数据，并用于改进业务	如果不"跳过"信息管理的"瓶颈"，个别部门和员工将难以获得集中存储在资料库中的信息。使用这些数据的项目可能需要数年的开发时间，从而浪费了部门（和公司）的收入机会。将数据存储到集中式的资料库中的感觉就像是穿过了黑洞的外圈，再也看不到了
网络、存储及计算成本	如果网络很便宜，那么就能相对容易地建立一套系统，使得任何人都能根据需要访问信息，而无需在本地设备上存储这些信息。事实上，20 世纪 90 年代后期（".com 泡沫"时期）构建的庞大网络容量使得网络在接下来的若干年里变得非常便宜，这也是云计算的驱动力之一	如果网络访问成本大于处理能力和存储成本，那么就会强力推动信息的本地化存储。从集中化进程中解放出来的数据能够让各个业务单元更快捷地收集和挖掘本地可用信息
移动性	如果只能从某个位置或特定的一组设备访问数据，那么就可以考虑分散数据以提高数据访问的便捷性	如果聚焦移动性，那么就要确保任何设备都能在任何地方访问数据（实际上就是让数据访问更便捷）。不过对于移动设备来说，由于处理能力和内存资源较少，因而倾向于将数据进行集中存储。数据集中化之后，所有人都能通过最低性能的设备访问数据以及相关联的处理能力

　　集中式与分布式的周期性变化对于通用计算来说非常明显，但是对于网络控制面来说
是什么情况呢？回顾网络的发展历程可以发现同样的周期性变化过程。电话网是"最原始
的"网络，由少数精通手工交叉连接电缆的专业人员进行操作。随着时间的推移，这些集
中式管理系统逐步实现了自动化，出现了大量的 PBX（Private Branch Exchange，专用分组

交换机）系统。

后来的公共电话网最终与分组交换网展开竞争，在七号信令系统中采用了 IP 以及其他分组交换网所使用的分布式控制面原理，使得电话网最终走向了分布式网络。在分布式控制面的推动下，大多数语音都承载在 IP 之上。因此，可以将向可编程网络的推进视为再次向集中式控制进行推进。

表 9.1 分析了集中式信息存储与分布式信息存储之间的演变原因。那么推动控制面在集中式与分布式之间周期变化的驱动力是什么呢？最重要的驱动力可能就是复杂性。

在分布式系统成为标准之后，网络工程师们就与分布式系统所固有的复杂性之间形成了一种密切的关联关系。由于在集中式系统方面几乎毫无经验，因而围绕如何通过集中化构建更简单系统的理论就像雨后春笋一般快速发展起来，并沿着如何利用集中化进一步简化网络的方向进行发展。在集中化是主流、分布式是例外的情况下，就可能会出现相反的情况，即分布式看起来似乎比目前在用的集中式更加简单，因而市场又逐渐向分布式系统的简单化方向进行发展。

当然，在构建支持数据和处理机制集中化的大型网络时（需要某种形式的网络可编程性），并不总是能够感知到复杂性。对于规模庞大的大型网络来说，需要利用自动化流程来配置和管理成千上万台物理设备及其连接，以及在单一基础设施上支持大量客户或大量应用所需的虚拟机和叠加式虚拟网络。

9.1.3　网络可编程性的定义

由此可见，网络可编程性的驱动力如下。

- 提高网络适应业务需求变化（消费驱动型领域的变化更快）的能力。

- 将原先需要耗费大量人力和时间的大量进程自动化，来降低管理大型网络所需的 OPEX。

- 通过软硬件分离来降低购买和建设大规模网络所需的 CAPEX，将网络的体系架构与供应商驱动的体系架构相分离。这样做能够达到两个效果。第一个效果就是促成了硬件与硬件竞争、软件与软件竞争的局面，将通常被视作系统的网络还原成各个独立竞争的组件。第二个效果就是可以将硬件和软件作为单独的系统进行管理，每个系统都有自己的生命周期。在这种模式下，替换硬件不需要对网络的运行方式做出任何新的设计或新的体系架构。

- 数据从分布式计算机转移到集中化的计算和存储资源中。

- 集中式认为分布式好，分布式认为集中式好。

- 希望与众不同或特立独行的愿望常常使得工程师们在某些情况下的改变"仅仅是为了与众不同"。

那么该如何根据这些驱动力来定义网络可编程性呢？虽然下面的定义并不完美，但确实是目前比较好的一种定义：

如果控制面和数据面提供的接口允许通过机器可读的数据驱动 API 来修改和监控网络的状态，那么就称该网络是可编程网络。

这个定义的范围很宽泛，几乎包含了修改和监控大量网络设备状态的所有机制。应注意以下几点。

- 该定义不包含 CLI（Command-line Interface，命令行界面）、GUI（Graphical User Interface，图形用户接口）以及为了与人类交互而设计的其他接口。

- 该定义不包含标准化。虽然标准化很重要，但是使用单一供应商设备的网络仍然可以被称为可编程网络。从网络设计和网络管理的角度来看，这种解决方案可能不是理想（甚至是不可接受的）解决方案。可编程网络可以实现供应商的中立性，但并不是必然结果。另一方面，如果网络设备没有可编程接口，那么几乎不可能实现供应商的中立性。

- 这里的状态指的是控制面和数据面状态。可以围绕可编程 API 来构建完整的分类方法(有关这种分类方法的详细描述请参阅 Cisco Press 在 2013 年出版的 *The Art of Network Architecture* 一书中的第 17 章）。

- 常规网络的管理与可编程网络的管理应该有所区别。信息流入流出控制面和数据面的速度并不是指定操作所属类别的可靠度量。上述定义表明管理与设备相关、网络可编程性与控制面或数据面相关。虽然这种分解方式并不完美，但是对下面的讨论来说很有用。

注:

上述定义将屏幕抓取机制排除在 CLI 之外有一些问题。对于 CLI 来说，应该关注两点。首先，屏幕抓取程序的复杂性远大于机器接口的复杂性，屏幕抓取程序必须适应每台设备的输入输出格式的各种变化，必须处理每台设备的原始数据模型（即使它们各不相同，而且还可能经常发生变化）。可以说从屏幕抓取演变到真正的可编程接口就能够解决最复杂也是最困难的进程维护操作。其次，屏幕抓取只是适用于小规模问题的一种不完美解决方案，并不能真正提供网络的整体视图，也不能以同样的方式进行扩展。基于上述原因，这里没有将屏幕抓取机制视为可编程接口，虽然我们还会在不同的地方提到屏幕抓取机制，但屏幕抓取机制并不是具有良好发展前景的网络可编程解决方案。

9.2 可编程网络用例

理解技术的一种好方法就是考虑该技术所要解决的问题。分析用例不仅能帮助工程师们理解技术的工作方式，而且还能帮助工程师们理解技术背后的工作原理。本节将讨论两个用例：带宽调度与 SDP（Software Defined Perimeter，软件定义边界）。

9.2.1 带宽调度

每个网络都有自己的正常"运行模式"。但有时也会处于超负荷状态，出现丢包情况，有时则会处于低负荷状态，出现带宽空闲情况。图 9.1 给出了企业网的典型带宽利用率曲线。

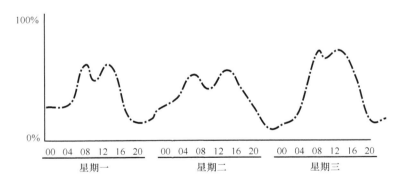

图 9.1　带宽利用率随时间变化的曲线

从图中可以明显看出，该网络（或链路、交换矩阵或其他利用率测量点）的利用率非常低。最直观的解决措施就是让大带宽应用在低利用率期间运行，但相应的解决方案比较复杂。举例如下。

- 网络利用率是多少？测量单条链路的利用率与测量网络中一组链路的利用率有很大区别，特别是在所有应用都能使用任意路径且路径可能会随时间变化而变化的情况下更是如此（考虑到等价负载分担和拓扑结构变化等因素）。

- 必须手工管理网络应用启动大规模传输的时间。如果网络利用率发生了变化，那

么就得调整传输时间。虽然可以通过屏幕抓取以及其他方式实现手工管理过程的
自动化，但效果并不理想。

- 如果网络利用率的峰谷间隔太短，那么应用程序就可能无法在低利用率期间完成
  全部工作。此时需要以某种方式让应用程序暂停吗？应该如何暂停呢？暂停操作
  对于数据的一致性和应用程序的使用有何影响？一种明显的解决方案就是在网络
  中增加一些接口（包括反馈回路），允许应用程序以实时方式查看不同网络状况下
  的数据流的变化影响。

- 有时可以将应用程序的流量都引导到同一组链路上，从而让网络的其余部分不受
  应用程序流量的影响。但这种流量工程解决方案与带宽调度没什么关系（这两种
  解决方案在同一个网络中会产生相互影响），而且无法解决流经同一个交换矩阵的
  大象流（超大流）与老鼠流（超小流）问题。

虽然可以通过手工配置方式（投入大量人员和多年时间）来解决上述挑战，但是考虑
到每台设备的用户界面不会出现频繁变化，因而可以通过更高级的自动化屏幕抓取机制来
改善操作过程。不过，为了使网络与应用程序之间的交互更加顺畅，网络需要拥有可编程
接口，这样就可以与应用程序通过该可编程接口进行通信（如图 9.2 所示）。

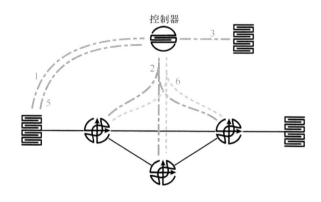

图 9.2   带宽调度

图 9.2 的带宽调度过程如下。

1. 应用程序向控制器发送一条有关即将到来的流的通知信息，可能包括流的大小和速
   率、流传输完成所需的时间、暂停流的能力以及是实时流（流媒体信息）还是静态
   数据（块存储）。

2. 网络中的转发设备提供包括当前利用率、队列大小以及其他网络状态信息。

3. 控制器与包含网络状态历史信息（包括带宽利用率、队列深度以及每条链路的抖动和时延等）的数据存储系统进行交互。

4. 控制器确定应用程序启动流发送操作的时间，以便在要求的时间段内结束流发送操作，从而对网络上运行的其他应用程序的影响最小。

5. 控制器在应用程序开始发送流之前发出相应的信号。

6. 如有必要，控制器可以配置 QoS（Quality of Service，服务质量）、预留链路、让流量避开某些链路等措施，以保证应用程序能够成功传送流量。

7. 如果网络状况出现了变化，那么控制器就可以重新计算通过网络传送该应用程序流量所需的时间，并通知应用程序根据需要暂停流的传送操作。

这类进程要求转发设备、应用程序以及控制器之间拥有一组可靠接口。虽然也可以没有接口，但是那样的话就无法满足大规模应用的需要。

进一步而言，这类接口应该是开放接口，因为无论是嵌入式应用还是商业应用，都应该能与任意控制器进行通信，而且控制器也应该能与任意网络设备（不分供应商）进行通信。对于这一点来说，具体是仅适用于硬件（即任意供应商的硬件搭载单一供应商的软件）还是同时适用于软件和硬件，则是未来计算机网络领域需要讨论的问题（实际上是实力的角逐以及激烈的争论）。

9.2.2　SDP

人们通常将网络安全比喻成堡垒，分为内部和外部（如图 9.3 所示）。

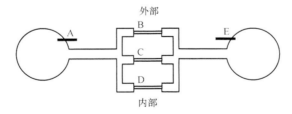

图 9.3　堡垒安全示意图

图 9.3 给出了堡垒的城墙防御系统示意图。

- 两端的塔楼 A 和 E 为城墙和城门提供防护能力。防守者可以从这些地方攻击入侵者的侧翼，从而化解对城墙和城门的攻击。

- 外门 B 与大家想象中的壁垒不同（虽然在电影中的作用让人印象深刻）。实际上，一个有城墙的城市的城门通常是一个系统，而不仅仅是一道城门。古代以色列的堡垒安全体系拥有 6 个内庭和 7 道城门，最里面的一道城门最坚固。当然，外门 B 是一道坚固的城门，但是它的主要作用是过滤，而不是彻底阻止。如果入侵者通过了这道大门，那么外门 B 的辅助门就会从上面掉下来（闸门），这样就可以在第一个内庭中抓住入侵者。将敌人分解成更小的单元（从而分而击之）就是城门防御系统的主要策略。

- 城门 C 和 D 都是内门。每个内庭都是一个完整的防御系统，在前一道城门（纵深防御的第一阶段）被攻陷后，这些地方被设计为退守机制。从某种意义上来说，城门 C 的目的只是为了保护城门 D 免受攻击（保护内门的完整性）。

入侵者侵入外墙内部之后，通常还有一个拥有城门等防护设施的内墙系统。这里是城堡的主楼或者某种形式的圣殿，是堡垒中的堡垒。这样的城墙防御系统在历史上非常有效，只要 250 名防守士兵就能有效抵挡大规模军队对城堡的攻击，需要围攻很长时间才能饿死守城人员。对于一个拥有城墙防御系统的城市来说，最有效的攻击方式就是内部攻击，贿赂城里的叛徒，让他们打开城墙上的侧门。不过对于现代世界来说，这些防御系统看起来虽然令印象深刻，但却徒劳无功，原因何在呢？

- 火炮很容易摧毁这些城墙。

- 挖掘隧道就能从地下攻破城墙。

- 飞机可以飞越城墙并投放攻城力量。

网络安全边界与这里所说的堡垒类似（如图 9.4 所示）。

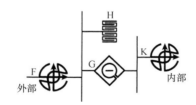

图 9.4　网络 DMZ

- 路由器 F 主要执行基本过滤功能，目的不是要阻止大多数攻击，而是通过溢出链路（G 的输入接口）等机制来保护作为防火墙的 G 免受外部攻击。这一点与城墙防御体系中的外门 B 相似。这层防御系统的作用就是在不耗费大量网络资源的情况下快速防御大量简单攻击。

- 主机 H 可能承担一些"牺牲式"服务，同时也是一个蜜罐。可以测量和量化所有针对服务器的攻击行为，从而能够在路由器 F 上构建更有效的过滤机制，并在 G 上构建更好的状态化检查规则。而且此处收集的信息还能指出攻击者正在试图访问哪些内部服务等信息。这一点与城墙防御体系中的城门 B 与 C 之间的内庭相似。需要注意的是，主机 H 如果被攻破了，那么攻击者就可以将其作为攻击跳板（与城堡中的城门间内庭相似），因而必须部署严密的本地安全机制以做好该主机的安全防范。

- 安全设备 G 可能是无状态过滤器、状态化包过滤器或者网络地址转换器，是"主安全门户"。与城墙防御体系中的城门 C 相似。此处的网络地址翻译提供了"失效则关闭"保障机制，任何软件差错都会导致连接中断，而不是开放访问。

传统 DMZ（DeMilitarized Zone，隔离区）系统有何缺陷呢？与城堡非常相似。

- DoS（Denial of Service，拒绝服务）攻击会对 DMZ 造成炮火攻击，从而破坏或攻破网络的城门防御系统。

- 通往外界的隧道提供了一个入口点，攻击者可以通过这个入口点绕开城门防御系统，直接攻击城墙。

- 直接服务器攻击（例如针对 HTTP 服务器的脚本攻击）提供了一种"越过"防御系统的方法。

- 当然，内部攻击也无处不在。

事实证明，堡垒防御系统自中世纪以来就一直没有发生太多的变化。随着网络攻击工具越来越先进，网络安全需要从构建城墙转变为构建移动性防护力量，从而保护特定位置免受各种攻击，就像现代的机械化快速反应部队一样。从非军事化术语的角度来说，网络需要从外部脆弱到中间牢固转变为彻底牢固。

但是网络应该如何转变呢？一种方式就是利用可编程网络中各种可用工具（如图 9.5 所示），从图中可以看出下述结论。

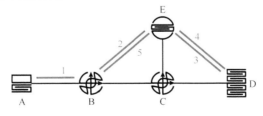

图 9.5 SDP 示意图

1. 主机 A 向服务器 D 上的某服务发送一个数据包。假设该数据包正与该服务建立会话，而且数据包中还包含了访问该服务的登录凭据。

2. 路由器 B 发现该服务已被标记为安全，因而将数据包重定向给控制器，而不是简单地转发该数据包。

3. 控制器 E 检查该数据包并确定数据包与哪个服务相关联，然后控制器再与该服务本身（如本例所示）或集中式身份管理服务（如 OpenStack 中的 Key Stone 服务实例）进行通信，以验证用户访问该服务的能力。

4. 目标服务或身份管理服务返回验证信息，拒绝该用户对该服务的访问请求。

5. 控制器利用该信息设置过滤器，阻止该用户访问服务所在的服务器 D，并向原始数据包回复携带了拒绝或登录失败信息的响应消息。

虽然本例更确切地说是一个 AAA（Authentication, Authorization, Access，认证、授权和访问）案例，但原理同样适用于状态化过滤或其他安全措施。可编程网络可以将安全策略推送到网络边缘，以每个服务或每个网络拓扑结构为基础提供相应的软件定义边界。

9.3　可编程网络接口

接口是弥合传统控制面、应用程序以及策略实现机制与可编程网络之间鸿沟的关键。可以将网络（或网络设备）与可编程网络的应用或系统之间的接口分成两大类。

第一类接口是北向接口。北向接口是网络设备向控制器提供信息的接口，这些信息通常被整合成一个更大的网络视图。北向接口通常包含以下信息。

- **能力信息**：提供可编程或可控制信息，包括元数据（更确切地说是有关控制架构组织方式的信息）以及网络设备向控制器呈现信息的方式。

- **库存信息**：提供有关在网络中的哪些位置安装哪些设备的相关信息，可能还包括物理连接等信息。

- **拓扑信息**：提供连接网络设备的链路的状态信息，可能还包含链路带宽等信息。

- **测量信息**：提供运行状态、计数器以及网络当前状态等信息，包括可用带宽、队列深度、延迟和抖动等。

第二类接口是南向接口。南向接口是控制器向网络（或网络设备）推送信息的接口，至少包括以下三类接口。

- **FIB（Forwarding Information Base，转发信息库）**：直接访问交换设备转发数据包时所用表格的接口。该接口绕过了内部控制面进程（静态配置转发信息）。

- **RIB（Routing Information Base，路由信息库）**：直接访问建立 FIB 时所用表格的接口。注入该接口的信息与其他控制面进程安装的转发信息以及静态转发信息等信息相互混合，可能还包括访问与协议相关的表（如内部 RIB 或拓扑表）的接口。但这类接口的主要问题是干扰了分布式协议（这些分布式协议具有非常特殊的规则，用于在计算最佳路径时防止出现路由环路）的操作。如果向这些表注入了导致协议无法收敛的信息，那么产生的副作用远比单台设备故障或本地路由环路大得多。

- **交换路径**：访问转发参数的接口，这些参数与转发表无关，但直接影响了数据包的处理（如 QoS）。

这些接口不包括传统意义的网络管理接口。这三种接口都与数据包穿越设备时的处理方式直接相关，与功率电平、已安装处理器的温度以及内存利用率等因素无关。图 9.6 给出了这些接口的示意图。

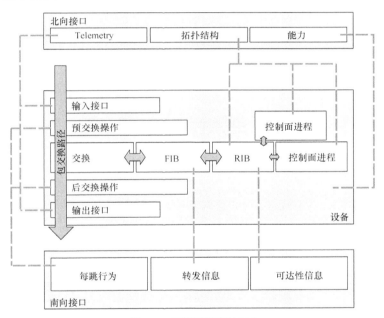

图 9.6 可编程网络接口

9.4 可编程网络概况

目前已经开发了哪些技术可以解决前面描述的用例呢？本节将讨论可编程网络中已经开发出（或正在开发）的 4 种完全不同的技术方案。由于本章的重点是为网络可编程与复杂性提供基础知识，因而本节仅扼要介绍这些技术方案，包括 OpenFlow、YANG、PECP（Path Computation Element Protocol，路径计算单元协议）以及 I2RS（Interface to the Routing System，路由系统接口）。

9.4.1　OpenFlow

OpenFlow 最初被设计用于在实验环境中改进新控制面协议和系统的研究工作。由于大多数高速转发硬件都与特定供应商的设备相关，因而很难开发和部署新控制面协议以研究是否可以找到更有效的可达性宣告管理系统。OpenFlow 是在大型框式交换机普遍应用时开发出的一种网络协议。框式交换机中的控制面运行在路由处理器之上，而实际的高速转发硬件则安装和配置在线卡上。这种功能分离架构为连接外部设备提供了很好的连接点，大多数框式路由器也都将路由处理器与线卡相分离，这样就可以通过部署在外部设备（控制器）上的控制面替代路由处理器上运行的控制面进程。

图 9.6 中的 OpenFlow 就是一种向 FIB 提供转发信息的南向接口。

图 9.7 解释了 OpenFlow 的操作过程，从图中可以看出下述结论。

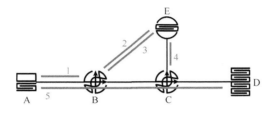

图 9.7　OpenFlow 操作

1. 主机 A 向服务器 D 发送数据包。

2. 路由器 B 收到报文后，检查其本地转发表，发现没有该目的端的转发信息。由于路由器 B 没有本地转发信息，因而将数据包转发给控制器 E 进行处理。

3. 控制器 E 检查从路由器 B 收到的数据包并确定正确的路由信息（确定路由信息的进程由控制器负责，一方面，可以将控制器简单地与网络中的所有路由器进行连接，从而拥有所有目的端的全部可见性。另一方面也可以让控制器运行分布式路由协议，从而与其他控制器相互交换可达性信息）。确定了路由信息（包括下一跳重写、正确的出站接口等）之后，就会在路由器 B 的转发表中安装相应的流表，从而为路由器 B 创建转发该流量流中的数据包所需的状态信息。

4. 由于控制器 E 也能确定该流量必须经由路由器 C，因而将计算出来的出站接口及其他信息安装到路由器 C 的转发表中。

5. 根据缓存的上述流表信息，此后主机 A 向服务器 D 发送的数据包都将经由路由器 B 和 C 进行转发。

注：

上述数据包处理过程与早期的 Cisco 路由器的"快速缓存"处理机制几乎完全相同（有关详细信息请参阅 *Inside Cisco IOS Software Architecture*）。

需要记住的一个关键点是，OpenFlow 的最初设计目的是承载携带了被转发数据包所有报头信息的流表项，包括源 IP 地址、目的 IP 地址、IP 协议号、源端口以及目的端口。流标签可以包含特定流进行转发的相关信息，也可以通过通配符包含一组流的相关信息。例如，可以利用仅包含目的 IP 地址信息的流表项来模拟标准的 IP 路由。

目前 OpenFlow 已经得到大量供应商的部署和应用。

注：

有关 OpenFlow 的更详细信息，请参阅 William Stallings 的 *Modern Networking: SDN, NFV, QoS, IoT, and Cloud*（Addison-Wesley Professional，2015）。

9.4.2 YANG

大多数协议的数据模型都与协议自身捆绑在一起。例如，IS-IS 协议就在一组 TLV（Type-Length-Vectors，类型-长度-向量）中携带可达性信息，运行在任意设备上的 IS-IS 进程都能识别这些特殊的数据包格式，因而协议携带的信息的格式以及信息传输机制都被组合成一个对象。YANG 则有所不同，因为 YANG 实际上是一种描述网络设备中的转发状态及其他状态的建模语言。

注：

数据模型与信息模型密切相关但又截然不同。信息模型负责描述信息的流动、信息的结构以及处理信息的不同进程之间的交互关系，而数据模型则关注信息本身的结构，包括存储信息的不同结构之间的关系。作为建模语言的 YANG 则是一种数据模型，而不是信息模型，因为它侧重于信息的结构。基于 YANG 的信息模型包括使用 YANG 模型传输结构化数据以及在网络中利用数据来获得特定状态的相关信息。

注：

有关 YANG 规范的详细信息请参阅 IETF RFC 6020[1]。

---

1 M. Bjorklund, ed., "YANG - A Data Modeling Language for the Network Configuration Protocol (NETCONF)" (IETF，Oct. 2010)，https://datatracker.ietf.org/doc/rfc6020/。

YANG 是一种以 XML（eXtensible Markup Language，可扩展标记语言）树结构来表达的模块化语言（大家较为熟悉的 XML 子集可能是 HTML[负责将浏览器的指令呈现为网页]）。作为一种语言，与所有的自然语言的语法规则一样，YANG 也并不真正指定网络设备的任何信息，而只是提供一种表达网络设备信息的框架。

> **注：**
>
> 虽然 HTML 是 XML 的一个子集，但 HTML 的实际开发时间早于 XML。HTML 的成功促使业界开发出了一个标记系统的超集。该超集比 HTML 的应用更为广泛，包括诸如 YANG 在内的通用信息架构。从某种意义上来说，HTML 是 XML 的"父亲"，而 XML 又催生了很多 HTML 的对等体。从这个角度可以将 YANG 视为 XML 的同辈，因为它是 XML 用于特定场合或更具体定义的一个子集。

截至本书写作之时，业界正在为网络协议和网络设备开发多种 YANG 模型。例如，下面就是用于构造链路故障通告的模型代码[1]。

```
notification link-failure {
    description "A link failure has been detected";
    leaf if-name {
       type leafref {
          path "/interface/name";
       }
    }
    leaf if-admin-status {
       type admin-status;
    }
    leaf if-oper-status {
       type oper-status;
    }
}
<notification
   xmlns="urn:ietf:params:netconf:capability:notification:1.0">
   <eventTime>2007-09-01T10:00:00Z</eventTime>
   <link-failure xmlns=" http://acme.example.com/system ">
   <if-name>so-1/2/3.0</if-name>
   <if-admin-status>up</if-admin-status>
   <if-oper-status>down</if-oper-status>
```

---

1 M Bjorklund, "YANG-A Data Modeling Language for the Network Configuration Protocol (NETCONF)," YANG Central，最后修订于 2010 年 10 月，http://www.yang-central.org/twiki/pub/Main/YangDocuments/rfc6020.html#rfc.section.4.2.2.5。

```
    </link-failure>
  </notification>
```

第一段代码将模型中的信息表示为一组声明（例如，可能是适合建立处理该信息的软件的一组声明），第二段代码则以 XML 格式表示了相同信息，利用标记来说明每个部分都包含哪些类型的信息。为便于阅读，大多数用户界面都采用 XML 格式来表示 YANG 模型。

注：

有关 YANG 模型的更完整示例请参阅 RFC 6241[1]。

如果每个供应商都能按照标准 YANG 模型表示的网元状态来实现相应的接口，那么网络中的每台设备都能通过单一接口进行编程。当然，这属于"独角兽梦想"，但 IETF 以及其他开放标准组织正在通过为所有基于开放标准的协议创建模型以及为通用网络设备创建通用模型来实现这一目标。

有了建模语言和实际模型之后，还必须回答下一个问题：如何通过网络承载这些信息？虽然方法很多，但值得关注的方法主要有两种（因为它们被定义为专门承载 YANG 信息）。

- NETCONF 是一种基于 RPC（Remote Procedure Call，远程过程调用）的协议，专门用来以 XML 格式承载 YANG 编码信息。NETCONF 允许应用程序检索、操控和更新设备的配置，而且还能访问控制 YANG 模型。

- RESTCONF 是 NETCONF 的一种变体，虽然也专门用来以 XML 格式承载 YANG 编码信息，但 RESTCONF 仅提供 REST（REpresentational State Transfer，表现层状态转移）接口。此时的 REST 接口意味着路由器上没有保留状态（如外部应用程序曾经请求的信息以及外部应用程序运行的前一条命令等），REST 接口将管理当前状态的复杂性从受控设备转移到控制应用程序中，因而更容易在受控设备上实现 REST 接口，对于大量网络设备和应用程序来说都非常理想。

YANG、NETCONF 和 RESTCONF 最初是为设备能力以及设备管理提供北向接口和南向接口，同时还为自动测量及拓扑结构提供北向接口。

注：

YANG 与传输方式无关，YANG 模型不依赖于 NETCONF 或 RESTCONF 的任何格式或功能。与此相反，NETCONF 和 RESTCONF 在理论上可以使用除 YANG 之外的其他语言来建模信息。虽然 YANG 可能会在 RESTCONF 或 NETCONF 之外得到广泛应用，不过

---

1 R. Enns, "Network Configuration Protocol (NETCONF)" (IETF，Jan. 2011)，https://www.rfc-editor.org/rfc/rfc6241.txt。

这两种传输协议不大可能承载除 YANG 格式信息之外的其他信息。

9.4.3 PCEP

PCEP（Path Computation Element Protocol，路径计算单元协议）的最初目的是将 PCE 连接到 PCC。

- PCE（Path Computation Element，路径计算单元）：可以基于特定约束条件（如可用带宽）来计算经由网络的路径。

- PCC（Path Computation Client，路径计算客户端）：可以接收 PCE 计算出的路径并根据这些路径转发流量。

PCEP 可以为跨 SP（Service Provider，服务提供商）边界的流量流（称为跨 AS 流量流）提供流量工程机制。从 IETF RFC 4655 可以看出，常见方式是允许一个 SP 为要传递到另一个 SP 的流量流设置特定参数，以便第二个 SP 可以为该流量计算最佳路径，而不允许第一个 SP 实际控制它们的网络转发策略（如图 9.8 所示）。

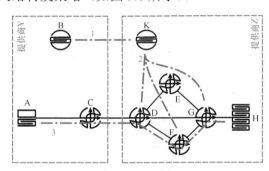

图 9.8   PCEP 的操作模式

从图 9.8 可以看出下述结论。

1. 提供商 Y 的控制器（B）将有关客户虚拟拓扑结构的服务质量要求的信息发送给提供商 Z 的控制器（K）。可以将该信息手动配置或自动配置为服务提供系统的一部分，也可以通过其他方式加以通知。对于本例来说，主机 A 发送的客户流量对最小带宽有一定的需求。

2. 提供商 Z 的控制器（K）计算经由网络的路径，该路径必须满足针对该特定流量或隧道的策略所要求的约束条件。计算过程通常包含受限的 SPF 计算，不过也可以使用其他算法进行计算，这是从协议的角度来分析控制器软件的实现细节。此后供应商

Z 的控制器将使用 PCEP 为路由器 D、F 和 G 配置正确的信息，以确保流量能够沿着拥有质量保证的路径进行传输。

3. 主机 A 发送的流量将沿着指定路径传送到服务器 H。

流量是如何按照所请求的路径（经由[D,F,G]的路径）而不是最短路径（经由[D,G]的路径）转发流量的呢？一种方式是在网络中构建 MPLS 隧道。事实上，PCEP 只是沿着路径安装标签，以确保在路由器 D 处插入隧道前端的流量能够通过隧道经由路由器 F 和 G 到达服务器 H。

注：

本例假定通过建立 MPLS 隧道的方式让流量沿着流量工程路径承载流量。其实还有很多其他实现方式：隧道的两端可能位于两个提供商的网络中（在第一个提供商的网络中发起隧道，在第二个提供商网络中终结隧道），或者将流量从路由器 D 传输到路由器 G 的隧道所需的标签已经存在，因而控制器 K 只要在头端选出路由器 D 来实现所需的策略即可。事实上，根据提供商的网络配置方式、两个提供商之间的关系以及其他因素，可能会有很多种方法来设置这些隧道。

如果大家觉得 OpenFlow 与 PCEP 在操作和作用上都比较相似，那么完全正确。它们都是将转发信息从外部控制器传输到转发面的南向接口。不过，这两种技术也存在一定的差异。

- OpenFlow 通知整个五元组或七元组，以便在转发设备上建立流表，并预期按照发端主机或设备传输的数据包头部进行转发。

- PCEP 通知 MPLS 标签栈，并预期按照 MPLS 标签栈进行转发。

- OpenFlow 的设计目的是替代整个控制面，更确切的说，是让控制器能够像大型框式系统中的路由处理器那样运行。

- PCEP 的设计目的是增强现有的分布式控制面。

虽然 OpenFlow 和 PCEP 与转发设备的交互位置相似,但它们的最初设计意图以及信令方式并不相同。PCEP 的操作方式（通知 MPLS 标签堆栈沿着网络中的特定路径引导流量）意味着它可以用作更通用的南向接口。PCEP 能够以任何理由有效利用 MPLS 机制控制流量流在网络中的传输，而不仅限于域间流量工程。PCEP 的应用非常广泛，增强了（而不是替代）现有的分布式路由系统，而且使用到处可用且易于理解的隧道机制（MPLS），因而对于大多数通用南向接口来说，PCEP 是一种很好的可选协议。

不过，PCEP 只能安装 MPLS 标签，而不能安装二层转发信息。从在这个意义上来说，OpenFlow 比 PCEP 更灵活，因为可以利用 OpenFlow 来安装 MPLS 标签或二层转发信息。

两者之间的选择主要取决于网络的部署现状、操作人员的意愿、未来的架构规划以及现有
网络设备的支持程度。

9.4.4　与路由系统的接口

IETF 网站上的 I2RS 章程说到：

I2RS 通过一组基于协议的控制或管理接口来促进与路由系统之间的实时交互或事件
驱动式交互，允许路由系统注入和检索（以读取或通告方式）信息、策略以及操作参
数，同时还能在路由器以及路由基础设施之间保持数据的一致性和相关性。I2RS 接口
能够与现有的配置和管理系统及接口实现共存[1]。

I2RS 的设计目的并不是要与 OpenFlow、PCEP 以及其他南向接口进行竞争，而是通过
如下能力来弥补这些接口的不足之处。

- 访问 RIB 的三层南向接口，支持并与现有分布式路由协议保持重叠。

- 访问 RIB 及路由进程的三层北向接口，从而能够访问现有分布式路由协议已知的
  网络拓扑、度量、目录及其他信息。

图 9.9 给出了 I2RS 的操作模型示意图。

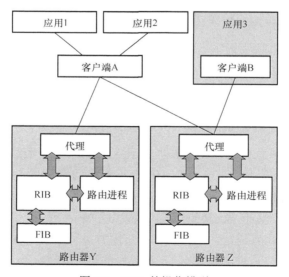

图 9.9　IR2S 的操作模型

---

1 "Interface to the Routing System"，IETF，https://datatracker.ietf.org/wg/i2rs/charter/。

应用程序可以通过 I2RS 客户端与设备（更确切地说应该是网络）进行通信，I2RS 客户端提供了一个通用的设备能力库以及数据调度、发现、传输等服务。例如，I2RS 客户端可以从多台设备的路由进程收集信息，并提供相应的接口访问网络的统一拓扑结构视图。此外，I2RS 客户端还能通过不同的方式为拥有特定数据段（如 RIB 表项或 BGP 表项）的设备提供统一的数据模型。虽然 I2RS 的最终目标是让所有设备都使用一组通用的数据模型，但是对于现实世界来说却难以实现。I2RS 客户端的作用就是在不同数据模型之间转换信息时不会对应用程序的设计方案造成影响。

在传统网络环境中考虑 I2RS 的一个有效方法就是将图 9.9 中的应用程序视为"仅仅是另一个路由进程"，而且该路由进程运行在路由器 Z 之外的通用计算和存储设施上，可能是一台路由服务器或者是一个运行在数据中心的标准容器或虚拟机上的进程。无论是哪种情况，运行在路由器之外的路由进程都能利用运行在路由器之上的路由进程与 RIB 之间的接口，与路由器上的其他路由协议以及路由信息源进行交互，看起来与在路由器上完全一样。

I2RS 架构的关键点如下（详见 draft-ietf-i2rs-architecture*An Architecture for the Interface to the Routing System*）。

- **多个同时发生的异步操作**：多个客户端应该能够查询和设置路由及其他信息而不相互干扰，这就要求 I2RS 具备准实时事件处理能力和基于 REST 的操作机制。如果必须由代理进程在多个客户端的操作之间保持操作状态（图 9.8 中的路由器 Z 的代理进程可以从两个不同的客户端交替接收事件），那么就要求接收这些操作的顺序无关紧要。也就是说，不同的事件顺序不应该给任何设备的本地 RIB 带来不同的状态，这一点对于保持无环路由来说非常重要。

- **异步及过滤事件**：客户端应该能够实时接收被管设备中的 RIB 或路由进程的变更信息。为了避免在网络上传播非期望信息，客户端必须能够对正在监控的代理所驱动的信息安装过滤器。

- **临时状态**：I2RS 与通常通过分布式路由协议构建的两组信息（RIB 以及 iBGP、IS-IS、OSPF 及其他路由协议的路由表）进行交互，网络工程师们不希望这些信息在重启之后依然存在。事实上，设备重启后路由表中幸存的路由通常被认为是一件坏事（除非通过诸如平滑重启等协议机制保护的路由），这是因为过时的路由信息可能无法匹配当前的网络拓扑结构。此外，I2RS 永远也不会在网络设备中安装永久信息。如果必须在设备重启后保留状态，那么就必须由 I2RS 代理来管理重新安装进程，这就排除了利用 I2RS 来配置设备或管理设备配置的可能性。

虽然截至本书写作之时，上述结论还不是最终结果，但 I2RS 看起来一定能够利用

YANG 模型来解决 RIB 及路由协议的路由表问题，并结合 RESTCONF 接口访问这些信息。不过，这些模型目前仍在开发当中，暂时还不能确定 RESTCONF 是否能够支持 I2RS 的实时要求。

9.5   最后的思考

虽然推动可编程网络快速发展的概念以及用例都没有多少新意，但目前网络 API 所聚焦的开放式 API、开放式协议以及数据模型都给网络工程领域带来了新鲜空气。从手工配置转变为通过一系列机器到机器的接口进行管理和实现的策略是感知和理解网络控制面的一个彻底革命。

那么可编程网络世界应对复杂性的方式是什么呢？最简单的答案就是，由于可编程网络将复杂性隐藏在 API 之下，通过简单的接口和新方式来表达策略及状态，因而网络将变得更加简单。但是这一点与现实世界中的复杂性经验或理论并不相符：复杂性可以迁移，但无法消除。因而我们将在下一章详细讨论这些问题。

第 10 章

可编程网络的复杂性

如第 9 章所述，可编程网络的魅力主要表现在两个方面：一是通过集中式路由决策机制降低了网络复杂性；二是提供了应用程序及业务流程与控制面进行交互的能力。那么从系统性网络复杂性的角度来看应该如何实现这些功能呢？本章将从网络复杂性的角度来分析可编程网络，包括网络可编程性降低复杂性的方式以及增加复杂性的方式？本章的主要目的是分析相应的权衡取舍，以帮助大家在考虑部署可编程网络技术时做出正确的判断。

在讨论可编程网络的复杂性之前，本章将首先简要描述辅助性原则，虽然该原则只是一个治理结构，但是在网络工程领域的诸多原理和概念中都得到了回应。然后从 4 个具体应用领域来分析可编程网络的权衡取舍：策略管理、控制面故障域、控制面与数据面分离以及基于应用的控制对交互面的影响。虽然这 4 个领域并不一定都能代表每种可能的应用领域，而且也不一定适合每种类型的网络可编程性，但它们从复杂性的角度提供了很好的权衡决策思考。

有关这些问题的讨论都将基于本书前面介绍过的分析模型，而且还将一直使用下去：对状态、速度以及交互面的影响是什么？从最优转发以及最优网络资源使用的角度来看，每种解决方案的权衡取舍是什么？

10.1 辅助性原则

所有从事协议设计实现领域的网络工程师们肯定都知道端到端原则，该原则由 Saltzer 在 1984 年发表的一篇论文中首次提出：

对于包含通信机制的系统来说，通常都会在通信子系统周围确定模块化边界，并在通信子系统与系统的其他部分之间定义明确的接口。这样一来就会有一个功能列表，每项功能都可以通过以下方式之一来实现：通过通信子系统、通过客户端或者两者的结合，或者作为冗余，由通信子系统和客户端完成各自的功能。在推断这种模式的合理性时，实际的应用需求为下列论断提供了基础：对于所讨论的功能来说，只能通过位于通信系统端点的应用程序的知识和帮助才能正确实现。因此，将所讨论的功能作为通信系统本身的功能特性是不可能的，而且还会给通信系统的所有客户端造成性能损失（有时通信系统提供的不完整功能版本对于性能增强来说也是有用的），我们将这种与底层功能实现相对的推断方式称为端到端机制。

虽然端到端原则对于计算机网络来说似乎是独一无二的，但端到端原则实际上只是一个更大原则在特定领域的体现而已。社会和政府领域将这个概念称为辅助性原则（subsidiarity），表示在可能的情况下利用本地控制机制解决本地问题，或者将控制和决策点尽可能靠近问题本身。通常的想法是，问题点与控制器之间的通信线路通常都是适合聚合的拥塞线路。但需要注意的是，聚合的信息越多，解决方案在解决问题时的效果就越差，我们将其称为"本地信息，本地控制"。

对于"本地信息，本地控制"场景来说，如果要考虑如何以及在何处对特定进程进行控制，那么工程师们必须想到：

- 网络上的哪些设备拥有最精确的进程状态信息？

- 如果控制进程与携带状态的设备相分离，那么必须传输哪些信息以及采取何种传输频率和传输方式？

从端到端原则的角度来分析这个问题（在差错与流量控制方面），网络中的哪些设备拥有流经网络的特定数据流的最准确和最新的状态视图？这就是发端主机和收端主机，因而实际发送和接收数据流的主机应该对流量流的重传及控制拥有最大的控制权。虽然路由器、交换机以及中间设备也能从流经它们的流量流的状态中推断出相关信息，但这类设备没有办法知道任意特定流的所有状态。

该原理对于控制面来说也同样适用：与组成网络拓扑结构（包括可达目的端）的链路直连的设备更有可能更快地了解并响应状态的变化。

虽然这样做往往会将智能推向网络边缘，但并不意味着必须尽可能多地分发所有状态。相反，这意味着应该仔细检查每一个状态并将相应的状态控制点放在最合乎逻辑的位置，而最合乎逻辑的位置通常就是信息的源端以及信息最完整的位置。通过将状态信息保持在最接近状态源端的位置（或者说将控制点放在状态最完整的位置）来重构端到端原理，就能在协议设计和网络设计领域应用端到端原理。

10.2 策略管理

策略可能是网络工程领域最难管理的问题之一，不过在对复杂性与策略之间的权衡取舍进行深入探讨之前还需要回答一个问题：什么是策略？也许回答这个问题的最好方式就是分析一些具体案例，从业务需求出发，再过渡到策略对网络设计的实际影响。

- **灵活的网络设计**：企业希望网络设计方案能够采用"调整方式"进行升级。随着业务的扩展或经营方向的变化，不希望对系统执行替换式升级。那么在设计层面如何实现这些要求呢？方法就是采用可扩展设计模式，即设计出可以根据需要随时扩展的模块化网络，而且可以在无需重新设计的情况下实现资源的重新部署。构建灵活网络的一种常见解决方案就是模块化机制，也就是在网络中定义清晰的可互换模块。另一种解决方案就是尽可能地将智能化从网络中抽取出来，使得网络能够适应各种任务需求，而不是仅仅集中在一小撮问题上。

- **高投资回报率**：虽然这一点与灵活的网络设计有些交叠，但是在很多网络设计工作中也是一个相对独立的概念。例如，如果网络仍然存在可用容量，而仅仅因为这些可用容量不在最短路径上，就需要在网络的两点之间购置新链路，那么就毫无意义了。为了提高网络利用率，很多运营商都部署了多种形式的流量工程机制，将流量引导到非最佳路径（从最短路径的角度来看）上，以实现更高的整体网络利用率。ROI（Return on Investment，投资回报率）还涉及设备成本，需要考虑应该购买易于替换的小型设备（如 1RU 交换机），还是应该购买大型的多机架式系统？

- **业务连续性**：企业无法忍受网络中断，对于商业应用来说，时间就是金钱。那么在设计层面如何实现这一目标呢？网络模块化可以隔离复杂性并打破故障域界限，是实现业务连续性的主要机制。此外，防范 DoS（Denial of Service，拒绝服务）攻击对于业务连续性来说也非常重要，需要在网络中选择能够度量并实施网络策略的合适位置。

- **信息安全**：企业的正常运营需要确保信息安全、保持战略优势，并保护与客户之间的信任关系。那么该如何将信息安全转化为网络设计方案呢？最主要的措施就是利用虚拟化、访问策略以及其他允许管理员实施信息安全管理（包括允许哪些人访问哪些特定信息）的技术来保护数据。

- **应用支持**：很多应用对底层传输中的抖动、时延及带宽都有特定要求。为了实现这些目标，很多网络都部署了轻载（提供超量可用带宽）、流量工程（将流量从重载链路迁移到轻载链路）以及服务质量（修改数据包的排队方式、队列调度方式以及拥塞管理方式）机制。

这些案例的共同点是什么？共同点就是在数据面中允许特定数据包穿越网络以及对穿越网络的这些数据包进行相应的处理。数据面中的绝大多数（或全部）策略都是解决实际转发流量的每跳处理机制或每跳行为。

控制面更有意思。模块化设计、打破故障域、流量工程以及控制数据访问等机制之间有何共同点？这些机制的共同点就在于将流量从网络中两点之间的最短路径引导到较长路径上，从而实现特定的策略目标（如图 10.1 所示）。

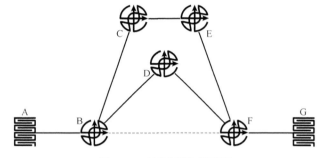

图 10.1　控制面策略示例

- 路径[B,F]应该是服务器 A 与 G 之间的最短路径（本例仅以跳数为依据），但并未安装该路径以创建模块化边界，本例将单个网络拓扑划分成两个故障域，并创建两个独立的网络模块。

- 路径[B,D,F]是实际可用的最短路径，但是该路径处于过载或接近最大利用率状态。

- 路径[B,C,E,F]是服务器 A 与 G 之间传输流量的实际路径，该路径比实际的最短路径多一跳，比潜在的最短路径多两跳。

本例为了满足特定的业务需求部署了相应的策略，从而在最佳流量流与业务需求之间做出权衡取舍。

这里有一个简单的经验法则：只要网络配置了策略，那么端点之间的流量就极有可能经由非最优路径。反过来，可以将策略描述为：

- 将流量从网络中最低开销路径移动（或潜在移动）到其他路径上以满足比简单遵循最低开销路径更重要的一些目标的任意机制；

- 阻止流量进入网络或阻止特定流量穿越网络的任意机制。

注：

第 6 章提供了有关策略与最优路径的更多信息，而且还讨论了模块化、路由聚合以及与控制面复杂性相关的多种因素。

10.2.1 策略分发

第 4 章的"策略分发与最优流量处理"一节曾经讨论了策略分发与网络复杂性之间的关系，提到策略部署位置越靠近网络边缘（或者更确切地说，越靠近必须应用策略的流量流的源端），就越能更好地利用网络资源，也越能更好地防范各类安全漏洞及安全攻击。

当时针对该问题提出的解决方案是在网络中采取自动化机制部署策略，但是需要注意一些问题（包括脆弱性问题）。

虽然基于机器的系统能够更好地实现响应一致性，但这样的一致性却好坏参半。例如，测量结果显示完全相同的两个事件实际上可能完全不同，攻击者可以学习响应模式，并利用这些响应模式来改变攻击方式。因而同时发生的多个事件的不可预见组合可能会产生软件根本无法解决的故障模式。

可编程网络可以通过连续监控多个互锁系统并实现更复杂、更精细的响应措施来提供更有竞争力的解决方案。例如，可编程网络可以根据网络状态调整应用程序的响应行为，而不是仅仅修改网络或某些链路或转发设备的配置。此外，可编程网络还能通过应用级接口准确发现特定应用程序想要干什么，而不是将试图发现该信息的启发式机制嵌入到网络中。

可编程网络通过可实时访问转发面的接口，能够比传统管理系统提供更多的连续状态信息。而且可编程网络中的控制器利用与路由表或转发表之间的交互接口，还能比主要依赖接口和设备级状态的管理系统更快地识别并适应网络状态，而且复杂性也更低。

当然，这里也存在权衡取舍问题，即网络管理的精细化程度越高（从而能够实时地实现最佳控制），网络所要管理的状态就越多。图 10.2 给出了可编程网络的状态示意图。

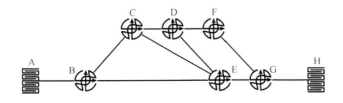

图 10.2 可编程网络状态

假设出于某些策略原因，源自服务器 A 且去往服务器 H 的流量应该经由路径
[B,C,D,F,G]，而不是经由其他路径穿越网络，而且图中显示的每一跳的开销均为 1。按照
传统的网络配置以及基于目的端的路由机制：

- 必须配置路由器 B 检查所有源自服务器 A 且去往服务器 H 的数据包，并将这些流量重定向到路由器 C，而不是流经路由器 E 的最短路径；

- 必须配置路由器 C 检查所有源自服务器 A 且去往服务器 H 的数据包，并将这些流量重定向到路由器 D，而不是流经路由器 E 的最短路径；

- 必须配置路由器 D 检查所有源自服务器 A 且去往服务器 H 的数据包，并将这些流量重定向到路由器 F，而不是流经路由器 E 的最短路径。

上述配置表示了需要在网络中分发的策略（通过手工方式或者自动化系统进行分发）。实际上，这些策略位于"网络操作人员心中的控制面"中，而不是用来管理网络的实际可编程控制面中。对于可编程网络来说，由于会在实际的网络控制面中捕获这些信息，因而会增加网络所承载的状态量。

不过状态并不是唯一受影响的复杂性度量，只要我们能在控制面中通过可编程接口捕获该策略，就可能会比手工配置方式更频繁地变更策略，因而转向可编程网络之后也就增加了通过控制面传播信息的速度（作为策略变更的响应）。

> 注：
>
> 本例部署的策略是让流量在网络中流经非最优路径（从度量的角度来看），在实际应用中可以采取多种实现方式，包括将流量导入隧道或 LSP。

最后，可编程接口增加了网络中各种设备之间的交互面广度与深度（详见后面的"交互面与可编程网络"一节）。

10.2.2   策略一致性

在网络中分发策略时需要关注的另一个问题就是大量转发设备所要用到的大量控制与管理接口。与主要用于转发数据包的设备相比，专用的状态化包过滤设备或服务拥有完全不同的配置选项和能力。可编程接口允许智能控制器查询网络中的每台设备，并确定在何处以及如何以最佳方式应用各种策略，而不用考虑每台设备所提供的用户接口。即使不同设备的编程 API 并不完全一致，为机器可读接口生成转换器也与通过创建"屏幕抓取程序"的方式来发现和管理状态完全不同。

可编程性通过在控制器上将许多复杂策略直接转换成控制面状态（而不是通过每台设备的本地接口）来解决复杂性的第二个根源。仍然以图 10.2 为例，做出如下假设。

- 路由器 B 是第一个供应商制造的设备，利用策略路由机制来实现上述策略。此时需要配置一组策略，将这些策略融入一组转发规则中，然后再将这些策略应用到设备的相关接口上。

- 路由器 C 是第二个供应商制造的设备，利用过滤器转发机制来实现上述策略。此时需要配置一组策略，将这些策略融入转发规则中，然后再应用于设备的相关接口上。

- 路由器 D 是一台交换机，必须将其配置成检查数据包中携带的三层信息（而不是二层信息）来执行所需要的策略操作。

- 路由器 E 实际上是一台状态化包过滤器，必须通过安全策略为该设备配置基于源端的过滤规则。

这些设备都需要通过不同的接口（以及一组逻辑结构）来实现期望目标。但是，如果每台设备都拥有可编程接口，那么运行在一个或多个控制器上的单一软件就能将策略分配到每台设备的本地转发规则中，并将这些转发规则安装到每台设备上。实际上这就是将策略逻辑集中化，并通过转发面代理（而不是通过路径上所有设备的策略）来分发策略结果。所有策略都在同一个位置（控制器）上进行交互，而不是在多台设备之间进行交互。

同样，这种操作方式也给控制面带来了更多的状态信息，这是因为原先在每台设备本地部署的策略目前都集中到控制面中了（虽然采取的是简化形式）。此外，这种操作方式也会加大控制面在设备间分发信息的速度，因为此时的操作人员将直接与每台设备中的转发表进行交互，而不是与设备上相对较慢的面向管理的人类可读用户接口进行交互。

本例中的交互面也同样在增大，因为此时的所有设备都必须与控制器进行交互（由控制器为不同的转发表提供统一的策略版本），而不再是根据本地配置进行独立操作。不过，此时的交互面也从"网络操作人员的心中"转移到了控制器中，因而也更具可管理性。

10.2.3　策略复杂性

经济学领域有一个被称为道德风险的概念，其定义为：

在经济学中，如果一个人因别人承受了风险负担而承担了更多的风险时，就会出现道德风险……道德风险发生在信息不对称的情况下，即交易的冒险方比风险承担方更了解风险意图。

抽象或简化网络策略领域中的复杂性时也存在类似的风险。将策略集中到一组代码中之后，如果没有特殊理由，就不再维护构造转发面策略的规则，或者考虑安装新的每跳行为来解决手头的任何问题。以早期的 EIGRP 部署为例，由于很多工程师都认为 EIGRP 能够处理所有网络拓扑，因而在设计 EIGRP 网络时没有考虑聚合，也没有考虑故障域。很多大型的 BGP 部署案例也是如此，人们普遍认为 BGP 协议强大到可以处理任何事情，所以干嘛还要为故障域烦恼呢？

策略集中化（特别是可编程网络）可能会产生同样的弊端，毕竟自 EIGRP 发明和首次部署之后，人性并没有发生太大的变化。如果最简单的工具就是锤子，那么所有的问题都会立即成为钉子。

10.3   交互面与可编程网络

前面的内容主要侧重于可编程网络中的状态和速度，但交互面的情况如何呢？下面将利用图 10.3 来说明这个问题。

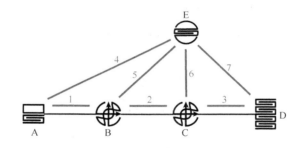

图 10.3   可编程网络中的交互面

使用分布式控制面和管理系统时，会存在下述交互面。

- 源端主机与第一跳路由器之间的交互面 1，主要是主机 A 在数据包中携带各类信息的功能，如源地址、目的地址、服务类型以及主机与路由器之间携带的其他信息，意味着这些设备之间会进行交互，从而产生交互面。不过这种交互面的交互深度相当浅，因为它们包含的信息非常少，无论是主机还是路由器，都没有对方设备的任何内部状态信息。

- 两台路由器之间的交互面 2，实际上是两个交互面。第一个交互面是沿路径转发的数据包中携带的信息，与主机 A 和路由器 B 之间的交互面拥有相同的特性。第二个交互面是路由协议（或者其他在网络中承载可达性和拓扑信息的分布式机制）。路由器 B 与路由器 C 之间的第二个交互面具有更深的交互深度，因为每台设备都在交换内部状态信息，而且这种交互面的交互广度也更宽，因为该交互面实际上跨越故障域内参与控制面的所有转发设备。

- 路由器 C 与服务器 D 之间的交互面 3，与交互面 1 相似。

- 对于主要依赖分布式控制面的网络来说，（通常）并不存在交互面 4 和交互面 7。

- 对于主要是分布式控制面的网络来说，交互面 5 和交互面 6 表示管理接口。虽然这类交互面又深（因为携带了内部设备状态）又广（因为管理设备通常与连接在网络上的大多数或所有设备都进行交互），但这类交互面不以任何有意义的方式直接接触转发信息，因而从转发角度来看，这类交互面的交互深度实际上非常浅。由于浅到了对实际网络操作几乎毫无影响，因而通常都不监控这类交互面（尽管并不建议这么做！）。

对于可编程网络来说，会存在下述结论。

- 交互面 1 和交互面 3 保持不变。

- 交互面 2 可以保持相同或者降低复杂性。如果控制面完全集中，而不是运行在混合模式下（即同时运行分布式控制面以及基于策略需求调整转发信息的集中式系统），那么路由器 B 与路由器 C 之间的唯一交互操作将是数据包级交互，与交互面 1 非常相似。

- 交互面 4 和 7 可能包含大量实时状态，如应用程序需要传输的信息量、服务质量需求以及应用程序应该根据网络状态以多快的速度传输信息，此时这两个交互面的交互深度和广度都在增大。

- 交互面 5 和 6 此时将包含控制器与转发设备之间承载的实际转发状态（包括是否存在这些状态以及这些状态的当前信息）。由于控制器暴露并修改了每台设备的内部转发状态，因而这两个交互面的交互深度变得更深。

- 如果控制器部署在混合模式下（由分布式控制面实时发现可达性和拓扑结构，由叠加在控制面之上的集中式系统部署策略），那么两个控制面之间还存在一个新的交互面。必须以实时方式向集中式控制面通告可达性或拓扑结构的变化信息，然后再根据需要计算和部署变更策略，以保护网络上实施的策略。这类交互面又深又广。

对于交互面状态来说，一个很重要的问题就是新生成的反馈环路，如沿着交互面 3、6、7 形成的反馈环路。网络能够始终影响应用的状态，但是如果应用能够影响网络的状态，那么就会形成反馈环路。虽然这类反馈环路拥有很好的正面效应，特别是以实时方式将应用的需求注入到控制面的操作中，以及允许应用以实时方式"查看"网络状况，但这样的反馈环路依然很危险。如果网络设计人员将网络稳定性视为重要的设计目标，那么就必须重视反馈环路问题。

注：

有关上述反馈环路各种故障模式的详细信息请参阅第 8 章。

10.4　对故障域的影响

通过不同系统（以及这些系统中的多个部件）的松耦合实现故障域分离是大型网络设计的基本要求。那么可编程网络对此是否有影响呢？图 10.4 给出了故障域与可编程网络之间关系示意图。

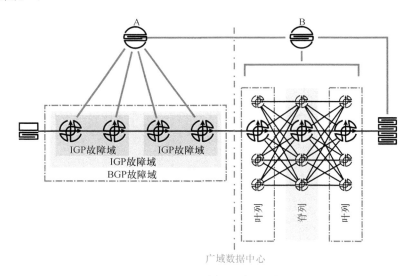

图 10.4　故障域与可编程网络

注：

实际上控制器 B 与 Spine-and-Leaf（叶脊架构）矩阵中的每台交换机都有连接，为了清楚起见，图中将这些连接显示为一组连接，而不是各个单独的连接。

这里需要分析 4 个具体的故障域影响实例。

10.4.1 广域故障域

图 10.4 左侧采取的是分布式设计方式，其内部可达性及拓扑结构信息由底层的 IGP 承载，外部（或边缘）可达性则由叠加在上面的 BGP 进行承载。这样就可以将边缘（或外部）可达性与内部可达性分开，构建两个不同的故障域，而且两个故障域之间的耦合关系相当松散。此外，通过隐藏可达性、拓扑结构信息或者配置其他信息隐藏机制，还可以将 IGP 沿拓扑结构边界进一步分解成多个故障域。

如果部署控制器以替换或增强分布式控制面，那么就可以将这些故障域替换成单个故障域。这样做是否有益则取决于控制器的故障处理能力、被管策略的数量以及其他相关因素，但是减少故障域数量的做法与以往的大量网络设计经验相违背，这一点需要认真考虑权衡。

如果控制器是两个（而不是一个），那么情况如何呢？管理同一组设备的两个控制器必须通过某种机制在状态方面进行同步，因而它们在面对大量常见差错时实际形成的是单个故障域。例如，如果携带控制信息的畸形包导致第一个控制器出现故障，那么也很有可能会导致另一个控制器也出现故障。

> 注：
>
> 目前支持多控制器联合设计方案，每个控制器都能向多台转发设备发送指令，每台转发设备也都有相应的机制来确定应该接受哪个控制器的输入指令，这类机制实质上就是另一种形式的信息隐藏机制，因为接受哪个状态以及应该接受哪个控制器的策略的决策就是一种状态分发形式。当然，我们仍然需要采用某种方式来配置或管理状态。也就是说，复杂性并未"消失"，只是从网络的一个区域转移到了另一个区域而已。

10.4.2 数据中心故障域

图 10.4 中的分布式协议设计模式将每个 Leaf 列与 Spine 列都显示为单独的 BGP 自治系统，这是超大型数据中心（特别是支持商业化云服务的数据中心）普遍采用的一种设计模式。由于列（包括 Leaf 列和 Spine 列）内网络设备均不互连，因而每台 BGP 发言路由器都仅维护 eBGP 连接。此时需要从两个方面来看待该设计方案的故障域。

- eBGP 的特点是松耦合，通常用来连接两个不同的故障域。从控制面的角度来看，本设计方案中的每台路由器实际上都是一个独立的"故障域"（与直觉完全一致）。

- 不过整个 BGP 路由系统是一个故障域。

一种可选方式是采用简单的 IP 或 IP/MPLS 底层网络加上独立的 BGP、VXLAN 或其他叠加网络。如果用单个控制器或一组冗余控制器来替代这些叠加网络，那么也同样可以将原先松耦合的一组系统变成单一系统，从而减少故障域的数量。

> 注：
>
> 有关在大规模数据中心交换矩阵中将BGP用作独立协议的详细信息请参阅Use of BGP for Routing in Large-scale Data Centers (draft-ietf-rtgwg-bgp-routing-large-dc)。

另一种可选方式是为底层网络配置一个控制器，为叠加网络配置另一个控制器，将它们分成独立的故障域，以实现原始设计方案中的功能分离架构。

10.4.3   应用程序与控制面之间的故障域

对于非可编程网络来说，网络中运行的应用程序与控制面之间几乎不存在任何交互，因而应用程序与控制面代表两个完全解耦或松耦合的故障域（主要的耦合区域在于应用程序与网络设备之间承载信息的数据包头部）。在这两个系统之间建立一个交互面实际上会产生一个更大的故障域，因为有些故障模式可能会跨越控制器与应用程序之间的分界面。

此外，假设网络上运行的大多数应用程序都有这样的接口，很多复杂系统都可以通过该接口以不可预见的方式进行交互，那么应用程序本身就可能会通过控制器被无意间耦合到单个故障域中。例如，如果两个不同的应用程序在一组特定链路的服务质量设置上产生了冲突，那么这很可能会成为某个（或者两个）应用程序出现故障的一连串事件的根本原因。

10.4.4   控制器与控制器之间的故障域

必须仔细观察控制器 A 与控制器 B 之间的连接，以确保维护它们之间的松耦合关系。如果这两个控制器无意间形成了紧耦合关系，那么整个网络将成为单一故障域（与最佳设计原则相违背）。

10.4.5   关于故障域的最后思考

最后一个需要关注的领域就是带内信令，带内信令将转发设备的接入控制与转发设备本身的状态紧密耦合在一起。因此，如果要建立集中控制机制，那么就应该考虑带外控制信道以创建真正稳定的网络。当然，还需要考虑构建与维护带外网络本身的复杂性问题。

简而言之，通过更集中化的网络控制机制来扩大故障域时，必须认真考虑相应的权衡取舍。应该仔细检查每个交互面，特别是寻找潜在的紧耦合交互面，并考虑在这些领域施行松耦合的方法。如果正在替换整个分布式控制面，那么一种好的方式就是运行多个控制器，由每个控制器为网络中的每个特定拓扑区域或每个虚拟拓扑提供可达性，然后再通过尽可能松耦合的方式（传统的 BGP 可能是一个不错的选择）来互连控制器。

10.5　最后的思考

可编程网络是所有网络工程师在未来必然要接触的事物，因为在大型网络中将策略分发给数千台网络设备所带来的复杂性和管理难度是无法想象的。不过，在转向集中控制方式之前，必须仔细考虑相关的复杂性权衡问题。

解决复杂性问题不存在任何灵丹妙药。

传统的网络设计模式为新型可编程网络提供了大量经验教训，包括故障域分离、策略分发的方式和位置以及潜在的反馈环路等。解决这些问题的一个有效方式就是考虑控制面的分层模型（如图 10.5 所示）。

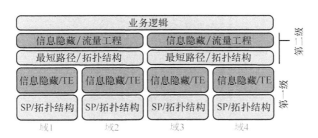

图 10.5　管理控制面的分层模型

在这个模型中，控制面需要处理以下 4 项基本任务：

- 发现拓扑结构和可达性；
- 确定连接在网络上的每对可达节点之间的最短路径；
- 隐藏信息或构建故障域；
- 流量工程。

这 4 个基本功能在网络的每一"层"都会重复出现。以一个简单的底层/叠加架构为例：

- 底层协议中将有最短路径与拓扑结构发现机制；

- 信息隐藏和流量工程也将通过聚合、泛洪域边界以及（潜在的）快速重路由等机制在底层网络中实现；

- 与底层完全分离的叠加控制面也会实现最短路径与拓扑发现机制；

- 信息隐藏与流量工程机制也要在叠加层实现，下一章将要讨论的服务链就是一个实例。

将控制面分解成功能而非协议之后，工程师们就能更好地理解网络控制面中的每个协议应该做什么并构建功能层，从而在功能与复杂性之间实现最佳权衡。这一点与网络工程师们将协议栈和应用程序分层以管理复杂性和扩展性相似。

第 11 章

服务虚拟化与服务链

我们可以用两个词来形容早期网络上运行的应用程序：少和简单。当时只有少数几种文件传输工具、人与人之间的通信工具（如电子邮件和留言板）以及几种记事本程序。在那个理想时代，端到端原则始终占据主导地位，主机通常只与其他主机（或者称为服务器的较大主机）进行通信，仅在偶尔情况下与大型机或小型机（还有印象吗？）进行通信。

不过这些年来出现了很多变化，每一代新用户和新业务都会对网络提出一些新要求，网络必须支持这些要求并将这些要求部署到网络中。

首先是保护数据和系统免受攻击的防火墙，然后是网络监控工具以及以入侵检测系统形式出现的深度包检测工具。为了节约长途链路的运营成本，人们在长途链路上引入了广域加速器。由于单台服务器无法处理大量负载，因而增加了负载均衡器。随着时间的推移，为了解决 IPv4 地址空间日益紧缺的问题，又在网络中引入了网络地址转换器。通过在网络中安装运行了大量服务的设备，有效地将终端主机的智能逐渐转移到网络中，使得主机根本不知道应该如何处理一跳之外的数据包。目前的应用程序都运行在网络端，从某种意义上说，连接网络不同部分的 API 实际上是通过网络自身来解决的。打破这种通过增加设备来增加服务的模式的主要原因如下。

- 在全网分发策略的复杂性较高。第 4 章详细分析了策略分发与复杂性之间的关系，不过在全网分发策略比将策略集中到少数进程或少数位置更难以管理。

- 安装和管理设备的成本增加。设备不仅代表成本，而且还代表电力、空间、布线以及必须管理的整个生命周期，这些都会增加运营和/或资金成本。

- 网络虚拟化。为了支持多租户，从安全性角度考虑进行网络分段以及更有效地利用网络资源，都需要部署虚拟化技术。与提供物理电路相比，通过设备提供虚电路的部署和管理难度要更大。例如，可以在网络中任意移动虚拟拓扑结构而不用考虑实际的拓扑结构（即与拓扑结构无关），但是将基于设备的服务从一个位置移动到另一个位置，或者仅仅将设备中的状态从一个位置移动到另一个位置都是有问题的（如果可以的话）。

那为什么不把服务也虚拟化了呢？这正是 NFV（Network Function Virtualization，网络功能虚拟化）的由来。本章将详细讨论与服务虚拟化相关的内容，包括常见的服务虚拟化案例以及服务链的概念，这里所说的服务链是将流量引导到指定虚拟化服务中的基础（以前都放在流量流中）。本章并不直接讨论复杂性话题，有关复杂性与服务虚拟化之间的权衡取舍问题将在下一章进行详细讨论。

11.1 网络功能虚拟化

1994 年，一批网络工程师创立了 Network Translation 公司并设计了第一台 PIX 防火墙。虽然安全功能在产品开发之初就是应有之意，但当时但被认为是辅助功能。PIX 的最初设计目的是执行 NAT（Network Address Translation，网络地址转换）操作。在讨论 "Address Allocation for Private Internets"[1]和 "Traditional IP Network Address Translator"[2]的时候，IPv4 地址空间已经显现出耗尽迹象。思科在 1995 年年底就收购了 PIX，但直到 2008 年才使用新版本发布了该防火墙产品。

思科技术支持中心的工程师们很好奇（与大多数工程师一样），第一批 PIX 设备到达当地的实验室之后，他们就立即拆开了 PIX 设备的机箱，发现其中安装了一块英特尔处理器和一些标准的以太网芯片组。

> 注：
>
> PIX 使用基于 Intel/兼容 Intel 的主板，PIX 501 使用的是 AMD 5×86 处理器，其他型号使用的是 Intel 80486 至 Pentium III 处理器。几乎所有的 PIX 都使用以太网 NIC 与 Intel 82557、82558 以及 82559 网络控制器，但偶尔也会发现某些型号使用的是 3COM 3c590 和 3c595 以太网卡、基于 Olicom 的令牌环卡以及基于 Interphase 的 FDDI（Fiber Distributed Data Interface，光纤分布式数据接口）卡[3]。

1 Y. Rekhter et al., "Address Allocation for Private Internets" (IETF, February 1996), https://datatracker.ietf.org/doc/rfc1918/ .

2 P. Srisuresh and K. Egevang, "Traditional IP Network Address Translator" (IETF, n.d.), https://www.rfc-editor.org/rfc/rfc3022.txt .

3 "Cisco PIX—Wikipedia, the Free Encyclopedia," https://en.wikipedia.org/wiki/Cisco_PIX

PIX 上还有一块定制芯片，包括原来的型号 PIX-PL 和后来的型号 PIX-PL2。由于用于通用处理操作的 Intel 处理器无法快速切换数据包，因而 PIX-PL 利用该定制芯片来提高加密处理速度。这些 PIX-PL 芯片（以及其他硬件加速 ASIC[Application Specific Integrated Circuit，专用集成电路]）在某种意义上是 NFV 的核心。与前两代 PIX 一样，在流量流中间部署专用设备（作为中间设备）最有说服力的原因就是为这些专用设备设计了定制 ASIC。

注：

除了使用定制 ASIC（主要目的是控制服务性能）之外，很多设备商倾向于销售专用设备而不是可安装软件服务的原因还包括提供简单的许可模式、为加密等操作使用更高端的处理器（相对于网络设备中的普通处理器而言）或者仅仅是增加收入。

问题是：硬件设备中的通用处理器何时能够接管所有的数据包处理任务，从而将专用设备替换成更通用设备？虽然并没有普遍认可的时间点，但是对于大多数网络应用来说，这个时间点大约在 2008 年至 2015 年（本书写作时间）之间。

注：

上述说明中的关键词在于大多数网络应用。网络在某种意义上只是"对人类急躁情绪的让步"。从理论上来说，只能通过越洋高速链路完成而不能通过拥有大量固态硬盘的标准的运营级设备完成的事情并不多，但人类总是极没耐心，总是觉得通用处理器的速度无法满足某些事情的处理需求，因而专用硬件和定制 ASIC 始终长期存在。比较可能的一种情况就是这些专用设备的数量将在一段时间后保持相对稳定。不过随着网络规模以及网络覆盖范围的不断增大，采用定制化分组交换硬件的百分比也必将逐渐降低。实际上这都是权衡问题，如果只能从本书学到一件事情，那就应该是"权衡无处不在"。如果没有看到任何权衡取舍，那就说明大家还不够努力。

一旦快速通用处理器的发展趋势满足了网络和应用程序的虚拟化需求，那么很自然地就会出现一个问题：为什么还要让应用程序运行在专用设备上？事实上，深度包检测、状态化过滤、负载均衡以及网络中的其他服务都可以运行在"速度足够快"的通用处理器上，因而完全可以运行在网络中已经大量部署的通用计算和存储资源上。

NFV 的出现则解决了以下问题（或者说 NFV 是这两种不同趋势的融合产物）：

- 网络中虚拟化需求的爆炸式增长以及向虚拟网络提供"在网"服务的迫切需求；
- 利用较便宜（也更好理解）的通用计算资源来代替昂贵的包含定制化分组交换硬件的物理设备。

11.1.1　NFV 案例

为了更清楚地说明这些问题，下面将通过一个具体案例来解释这两种趋势融合到单一 NFV 概念中的方式（如图 11.1 所示）。

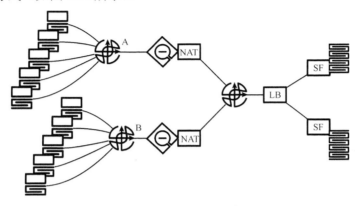

图 11.1　准 NFV 网络及业务设计

图 11.1 给出了向大量主机提供电子邮件服务时所需的网络连接及各种服务。网络中的流量路径如下。

1. 连接在路由器 A 或 B 上的主机向图中右侧的两台服务器之一发送了一个电子邮件数据包。

2. 首先，流量必须穿越路由器以进入网络，此时后打上特定的 QoS 标记，终结某种形式的隧道（如 IPSec SA 或 MPLS VRF）并执行基本的过滤操作（如基于源的欺骗过滤器）。

3. 接下来，流量到达防火墙设备，此时可能会执行多种操作。例如，将流量流转发给状态化数据包过滤器，从而根据已有流信息验证每个数据包，或者执行深度包检测以检查流中是否存在攻击或恶意软件。一种常见的操作（至少对于 IPv4 来说）就是 NAT（或端口地址转换）。

4. 流量通过第一台设备之后将被转发给路由器，然后由路由器将流量引导到电子邮件服务器所在的提供商网络。图中显示的下一跳是负载均衡器。

5. 对于本例来说，由于单台服务器无法支持所有客户端的负载需求，因而运营商部署了多台服务器，每台服务器都可以访问相同的数据库后端。每台邮件服务器的操作均相同，都能访问同一组邮件存储设备。由负载均衡器（另一台设备）确定负载最低的服务器，并调度该服务器处理新的入站请求。该服务要求负载均衡器必须维护每条连接和每台服务器的状态。

6. 虽然流量从负载均衡器传到了邮件服务器，但是途中必须经过垃圾邮件过滤器（图中以SF来表示）。这可能是一台设备，也可能是一个进程或运行在邮件服务器上的应用程序。

这里的服务实际上都是运行在专用设备上的应用程序，这些设备必须部署在流量穿越主机与服务器之间的路径上或者网络的两个端点之间。将设备部署在网络中并通过网络布线机制，让特定类型的流量必须穿越这些设备，通常就称为手动服务插入。在网络设计方案中考虑这种服务插入方式的一种有效方法就是将服务引入到业务流中。

如果可以将这些服务虚拟化并运行在非常标准的计算及存储资源上，那么会怎么样？一种方式就是在全网部署标准化的计算及存储资源，并根据需要创建实例，从而在流量穿越网络时拦截流量流。虽然这种模式带来的运营成本节约主要表现在设备本身（可能会有一些节约），但是在很大程度上仍然取决于服务提供的扩展方式应该是纵向扩展（而非横向扩展）。

纵向扩展（Scale Up）与横向扩展（Scale Out）

应用开发人员要做的一个关键决策就是要在纵向扩展与横向扩展之间做出抉择。大多数工程师都习惯于采用纵向扩展设计模式，即不断扩充单台服务器的内存量、存储空间以及处理能力来满足当前任务的处理需求。对于网络硬件来说，这种纵向扩展模式与购买一台大容量多板卡的机架式系统相似，拥有大量插槽、电源及处理能力。随着网络的发展，可以安装新的线卡来增加端口数量。对于应用程序来说，数据库服务器会在磁盘或内存等接近最大利用率时安装更多的磁盘或更多的内存。这种纵向扩展模式存在以下三个问题。

首先，纵向扩展假设可以向系统增加更多的资源，而且这种能力提升需要增加成本。不过对于现实来说，将1TB磁盘阵列扩展到2TB磁盘阵列可能只要（也可能不是）增加物理磁盘，但后续的扩容可能就意味着必须升级成更大容量的设备，也就意味着必须拆除旧设备、迁移所有数据并安装新设备，相应的代价将极其高昂。

其次，对平台或组件进行纵向扩展可能比简单地增容成本高得多。仍然以前面的硬盘为例，500GB硬盘的成本可能与1TB硬盘的成本相似，但迁移到2TB硬盘所需的成本可能是组件或平台纵向扩展成本的两倍以上，购买4倍容量所需的成本则可能远超4倍（对于高端设备来说尤其如此）。

最后，纵向扩展意味着系统安装之初需要购买更多的能力，而且还必须尽量准确地预测系统的后续增长需求，因而这种投资模式很不理想（如图11.2所示）。

从图11.2可以看出，如果容量曲线（灰色虚线）位于需求曲线（黑色虚线）之上，那么就表示企业正在支付其用不着的容量。这一点在现实世界中普遍存在。例如，在购置大型机架式系统的情况下，如果仅使用了其中的少数几个槽位，那么其他槽位、电源、处理能力以及空间都没有得到充分使用，但相应的费用已经支付了。另一方面，如果黑色需求曲线位于灰色容量曲线之上，那么就表示业务无法保持全容量运行，进而影响到业务的进一步发展，或者被迫以牺牲员工的时间为代价来解决网络容量问题，从而导致机会成本的损失。

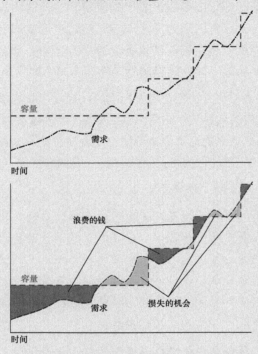

图 11.2   需求增长与容量之间的时间变化曲线

那么横向扩展模式是如何解决上述两种情形的呢？从本质上来说，纵向扩展模式是构建不断增大系统容量的单一系统，而横向扩展模式则是构建容量相对较小的多个系统，并将单一任务负载有效分解到这些系统上。例如，横向扩展模式不是使用一对大容量机架式交换机作为数据中心的核心设备，而是通过交换矩阵连接一组小型交换机，并通过多条路径来实现负荷的等价共享。对于应用程序来说，横向扩展通常指的是将给定应用程序分解成多个组件，然后在根据需要为每个组件（线程或进程）创建多个实例。

既然如此，与其采用纵向扩展模式，将这些服务插入到分布在全网的通用硬件上，何不直接采用横向扩展模式呢？这正是 NFV 的发展缘由，图 11.3 给出了网络中的虚拟化功能示意图。

从图 11.3 可以看出，通常在专用设备中运行的每个组件服务目前都成为各个独立的进程，而且这些进程都运行在由 DC Fabric（数据中心交换矩阵或交换网）连接的通用计算和存储资源上。例如，对于状态化包检测功能来说，此时只要将执行状态化包检测功能的处理单元资源池简单地连接到 DC Fabric 上即可，而不用部署专用设备并进行在线配置。与此相似，NAT、SES 以及邮件服务器等功能也都可以转换成运行在 DC Fabric 通用计算及存储资源上的进程。

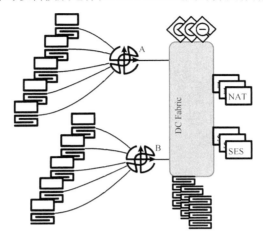

图 11.3　网络中的虚拟化功能

目前已知的大量业务都可以实现虚拟化并部署在 DC Fabric 或者"云端"（更通俗的说法），例如：

- 移动设备的终结服务（包括隧道、运营及商业服务、计费以及对这些设备的全面支持）都可以虚拟化到 DC Fabric 中；

- 虚拟化的横向扩展进程（而非定制设备）能够更有效地处理内容复制业务。

此时应该可以很明显地看出横向扩展网络服务所存在的问题了。对于纵向扩展模式来说，网络工程师可以将设备部署在流量从主机到服务器或者从主机到主机的路径中。但是对于横向扩展的 NFV 模型来说，虽然流量仍然要穿越这些服务，但是并没有任何明显的方式能够强制流量在基于目的端的简单转发机制下穿越分组网络。

解决这个问题的方法之一就是服务链。

11.2　服务链

服务链通过修改流量穿越叠加式网络时的路径（或者是虚拟拓扑结构中的隧道路径）来引导流量穿越一组所需服务，以确保网络运营商的策略能够得到强制执行。图 11.4 仍然以前面的案例为例，解释了利用服务链引导流量穿越特定路径以确保流量按照正确顺序通过所有正确服务的方式。

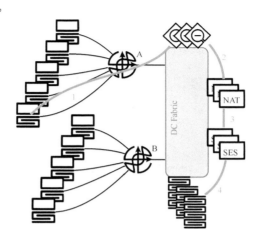

图 11.4　引导流量穿越既定服务

　　本例中来自主机的流量将穿越路由器 A，然后进入某种形式的隧道，从而到达资源池中的某个包检测进程。处理完这些数据包之后，会采用相应的封装方式将流量传送给 NAT 进程，然后再通过垃圾邮件过滤进程，最后到达邮件服务器。在上述处理步骤当中，数据包并没有基于目的地址进行转发（那样的话数据包会直接穿越 DC Fabric 到达邮件服务器，即最终目的端），而是按照顺序进入服务链中的一段又一段服务。

　　那么如何实现呢？我们可以采用以下三种基本模式来构建服务链。

- 初始服务由服务链上的入站设备（即本例中的路由器 A）负责施加。数据包到达服务链中的第一段服务之后，第一段服务（或本地 Hypervisor 虚拟交换机）会对数据包执行正确的封装操作并将其传送给下一段服务，而服务链上的下一段服务则由服务本身的本地策略来确定。等到服务链上的最后一段服务也处理完数据包之后，就可以简单地按照目的地址来转发所有的数据包。

- 初始服务及后续服务均由 DC Fabric 中的交换设备负责施加。该模式与前面的第一种模式相似，但此时服务链中的每一段服务均由网络中的设备（如架顶交换机）施加，而不是由服务进程本身施加。

- 初始服务及后续服务均由数据包遇到的第一台设备（如本例云环境中的数据中心边缘交换机）负责施加。对于本例来说，边缘交换机需要知道去往特定服务的数据包必须穿越的每段服务的信息，而且还需要构造能够"堆栈"到数据包中的报头链，从而引导所有数据包都经过该服务链。

下面将详细解释这几种部署模式。

11.2.1 服务功能链

IETF 在 2013 年年底成立了 SFC（Service Function Chaining，服务功能链）特设工作组：

……希望形成一套服务分发与运营的新方法，形成一种服务功能链架构，制定必要的协议或协议扩展，从而将服务功能链和服务功能路径信息传递给实现服务功能及服务功能链中的节点，此外还将定义引导流量通过这些服务功能的相关机制[1]。

SFC 工作组并不定义传统意义上的封装机制。由于 SFC 报头中没有与数据包源或目的地相关的任何信息，因而不能用来进行转发。SFC 报头中定义的是一组服务，可以由服务链中的服务来执行，也可以由路径上知道如何解包并解析该报头的设备来执行。

图 11.5 给出了 SFC 的体系架构。

图 11.5　服务功能链架构

虽然 SFC 规范并没有给出任何底层隧道机制的假设条件，但 SFC 的运行主要基于一个基本假设，即 VXLAN（定义在 A Reference Path and Measurement Points for Large-Scale Measurement of Broadband Performance[2]中）或 NVGRE（定义在 Network Virtualization using Generic Routing Encapsulation Extensions [draft-sridharan-virtualization-nvgre]中）将成为正在使用的"通用基础"或者默认的隧道协议。图 11.6 给出了利用这些隧道协议引导数据包穿越启用了 SFC 功能的叠加式网络的常规处理过程。

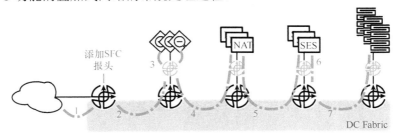

图 11.6　服务功能链示例

从图 11.6 可以看出下述结论。

---

1 "Service Function Chaining Charter"，https://datatracker.ietf.org/wg/sfc/charter/。

2 M. Bagnulo et al., "A Reference Path and Measurement Points for Large-Scale Measurement of Broadband Performance" (IETF, February 2015), https://www.rfceditor.org/rfc/rfc7398.txt .

1. DC 边缘路由器收到主机发送来的数据包之后，会首先检查数据包，发现该数据包属于去往连接在 DC Fabric 上的邮件服务器的流的一部分，因而会插入一个包含一组正确服务的服务链报头，在将数据包转发给邮件服务器之前通过该报头进行路由。施加了服务链之后，DC 边缘路由器就会将该数据包封装到 VXLAN、NVGRE 或其他隧道中，并将数据包转发到 DC Fabric 中的第一跳，即状态化包检测服务。

2. 运行在刀片服务器（包检测服务进程容器就配置在刀片服务器上）Hypervisor 上的虚拟交换机（VSwitch）收到该数据包。网络管理员已经将服务链配置为终结于 VSwitch 中，而不是终结在状态化包检测进程中。这是因为状态化包检测进程无法感知 SFC，因而 VSwitch 作为服务链上这些服务的"代理服务器"。

3. VSwitch 解封装数据包，然后以状态化包检测进程能够理解的格式提交给状态化包检测进程。状态化包检测进程处理完数据包之后，将数据包转发给邮件服务器，再由邮件服务器引导该数据包返回通过。

4. VSwitch 再次插入正确的 SFC 报头，并将数据包转发到正确的隧道中以到达服务链中的下一段服务（即本例中的 NAT 服务），然后再将数据包转发回 DC Fabric。

5. 具备 SFC 功能的 NAT 服务收到数据包之后根据需要处理数据包。NAT 服务使用本地路由信息构建正确的隧道封装，沿服务链将数据包传送到下一段服务，即本例中的电子邮件过滤服务，而该服务恰好能够感知 SFC。

6. SES 服务处理完数据包之后，注意到服务链已结束，因而将数据包转发给最终目的地——邮件服务器。SES 服务删除 SFC 报头，并将剩余的 IP 包通过 VSwitch 转发到其物理连接的 ToR 交换机。

7. ToR 交换机收到数据包之后检查其本地路由信息，并通过 DC Fabric 将数据包转发给邮件服务器。

SFC 只是上面列出的第一种（也可能是第二种）服务链的示例，即由服务本身利用叠加式（或虚拟）网络中已经存在的隧道机制来控制数据包穿越数据中心（或云）Fabric 的转发行为。

11.2.2　分段路由

分段路由（Segment routing）由 IETF SPRING（Source Packet Routing in the Network，网络中的源分组路由）工作组定义，基本概念与 SFC 相同，但 SPRING 并不假设由路径上的进程来管理服务链，而是由路由控制面来管理流量流穿越网络时的路径。SPRING 可以采用两种操作模式（如图 11.7 所示）。

为了更好地理解图 11.7 中的流量流，有必要从一个基本定义开始说起。这里的段（segment）实际上表示的是一个网段（与以太网段相似，但实际上可能并不是以太网）或者两台设备之间的邻接关系。在实际应用中，通常会将段分配给路由接口（与目的 IP 地址非常相似）或者入站接口（该接口去向的设备知道如何到达特定服务或该服务所在段）。虽然看起来有点混乱，但重点是将流量引导到特定段上所部署的服务（或服务集）。SPRING 是将流量路由到特定段，而 SFC 则是将流量路由到特定服务。从分段路由的角度来看，这一点很有意义，因为它聚焦的是控制面，而不是特定服务。对于现实网络来说，虽然服务与段的概念可能并没有太大区别，但是弄清楚这些术语对于理解这些技术来说非常重要。

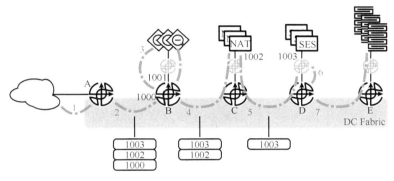

图 11.7　分段路由示意图

注：

这里描述的过程是利用 MPLS 沿分段路由在网络中传输数据包的过程。虽然 SPRING 实际上默认在 IPv6 中使用松散源路由报头选项，但利用 MPLS 标签栈来说明这个问题更加简单，因而这里使用的是 MPLS。

1. 入站路由器收到流量之后，会检查目的地址或者执行某种形式的包检测操作以确定该数据包所携带的信息类型（如 HTTPS SSH），从而将数据包插入所需的服务链中。确定了这些信息之后，就给数据包打上 MPLS 标签栈，称为 SR 隧道，由标签栈对数据包从隧道末端释放出去之前必须访问的段的列表进行编码。

2. 根据外层 MPLS 标签转发数据包，数据包沿 MPLS 标签 1000 的 LSP 进行转发，到达服务链中的第一台路由器。路由器 B 被配置为将标签 1000 交换为 1001，并沿服务链将数据包转发到资源池中的某个包检测进程，该过程在分段路由中被称为接续。请注意，在转发数据包之前是替换当前外层标签，而不是弹出外层标签。

3. 路由器 B 根据新的外层 MPLS 标签转发数据包，这一次转发给包检测进程。与 SFC 相似，这里的分段实际上可以是 SPRING 中的任播目的端，从而允许将数据包转发给一组分段中的某一个分段，每个分段都（至少）有连接在其上的特定服务的一个实例。包检测服务处理完数据包之后，就将其转发回路由器 B。

4. 由于该段已经完成，因而路由器 B 弹出外层标签。此时标签栈中的第二个 MPLS 标签将成为新的外层标签，路由器 B 将根据这个新的外层标签通过标签值 1002 标识的 LSP 转发数据包。

5. MPLS 标签 1002 恰好标识了连接在路由器 C 上的虚拟交换机与 NAT 服务之间的邻接关系。由于 NAT 服务直接参与了服务链，因而处理数据包并弹出外层标签，显示出标签栈中的下一个标签值为 1003。NAT 进程通过路由器 C 向外转发数据包，路由器 C 只是简单地根据外层标签将数据包交换到服务链中的下一段服务 SES。

6. SES 服务收到并处理数据包，弹出标签栈中的最后一个标签，显示出 IP 报头。此时，SES 服务将数据包转发给 Hypervisor，由 Hypervisor 根据原始的三层转发信息来转发数据包。

7. Hypervisor 使用 IP 目的地址将数据包转发到最终的邮件服务器，完成数据包通过业务链的整个处理过程。

由于分段路由可以使用 MPLS LSP 作为底层传输，因而可以利用除简单的服务列表或流中的数据包必须访问的分段之外的其他机制，来定义流穿越网络时的路径。例如，可以使用集中式控制器，根据可用带宽、延迟或其他约束因素来计算穿越网络时的路径，然后再利用 PCEP 来通知该路径。

分段路由为网络运营商提供了极大的灵活性，可以定义特定流在穿越网络的过程中必须经过的一组服务或分段。

11.3　最后的思考

NFV 结合某些形式的服务链（无论是 SFC、SPRING 还是其他选项）为运营商提供了一整套强大的围绕服务（而不是流量）来组织网络的工具。从本质上来说，这些技术不是将服务带给流量流，而是将流量带给业务。虽然使用策略路由、各种形式的隧道以及其他机制也都可行，但这些机制在架构清晰度上没有一个比得上本章所讨论的这些实现机制。

当然，在了解了上述背景知识之后，仍然要回到复杂性的概念上，这些"极端的流量工程"模式都涉及哪些复杂性权衡决策呢？下一章将继续讨论这个问题。

第 12 章

虚拟化与复杂性

传统意义上的网络服务（如状态化包过滤、网络地址转换、单位数据流量计费）都与设备相关。如果希望阻止因访问特定应用或特定网络部分，那么就需要购买防火墙的设备，将其安装到服务器机架上，并与网络相连接，使得进入网络的流量都通过该设备。但是为何要将包检查服务（理想情况下应该是软件服务，从而能够快速部署新特性）与设备绑定在一起，进而与网络中的特定物理位置绑定在一起呢？为什么要将一组特定服务（无论进行何种逻辑组合）与一台特定的物理设备关联在一起呢？应该可以在网络中任意位置部署的通用硬件上运行各种软件服务（甚至可能是微服务），而不应该将服务与安装在特定机架上的物理设备绑定在一起。这样一来运营商就可以根据自己的需要灵活扩展服务能力，并从软件角度（而非硬件角度）来管理服务的生命周期。

不过按照这种方式进行服务虚拟化之后可能会产生一个问题，将服务虚拟化并部署到网络中的任意位置之后，该如何引导流量穿越这些服务呢？如果连接的是物理设备，那么引导流量穿越这些服务的方式很简单，只要通过缆线将设备连接到网络上即可。很明显，此时也应该使用某种形式的"虚缆线"。隧道及策略路由（或基于过滤器的转发机制）就是相应的实现机制，不过这些机制都要增加大量的复杂配置。由于需要在线提供服务或动态更改策略，因而调整整个网络基础设施的隧道及/或策略是一件非常困难的任务（如果可行的话）。

服务链则是解决此类难题的方案之一，服务链技术允许网络运营商将每项服务（或微服务）都视为更大服务中一个模块。部署了服务链等技术之后，网络架构师们就可以围绕资源优化利用（而非围绕流量穿越网络时必须流经特定服务）来设计网络。

将服务虚拟化到网络中的通用硬件上，然后再通过服务链技术基于虚拟化服务创建大型的自定义应用，看起来似乎是一个双赢的局面。由于服务链和虚拟化服务能够让运营商将服务的物理位置和逻辑位置与实际的物理拓扑结构相分离，因而从多个方面赋予网络更大的灵活性，包括在网络上构建各类应用、实现网络与服务的灵活扩展以及将硬件生命周期与服务生命周期相分离等。因此大家必须对此予以高度重视，但是如果还没有发现虚拟化与复杂性之间的权衡取舍，那么就说明大家还不够努力。

本章将重点讨论服务虚拟化的权衡取舍问题。第一部分将解释策略分发与网络虚拟化的相关概念，并讨论管理大规模系统时的策略分发与复杂性之间的直接关系。第二部分将讨论部署服务虚拟化机制时的复杂性因素，包括故障域（紧耦合）以及故障排查（MTTR）。由于这些问题与现实世界中的可维护性有关，因而还会介绍一些与此相关的编程历史。

第三部分将讨论编排效果问题，即服务虚拟化允许运营商将网络视为一组服务及流程（而不是拓扑结构及设备）。这种抽象方式一方面给业务带来了强大的驱动力，但同时也给网络设计带来了更多的复杂性。第四部分将讨论在网络设计方案中引入服务虚拟化及服务链技术之后的复杂性管理建议。最后一部分则给出服务虚拟化的一些相关思考。

12.1   策略分发与网络虚拟化

本书曾在第 4 章讨论过策略分发的相关概念，图 12.1 给出了相应的示例并据此继续讨论策略分发与服务虚拟化的问题。

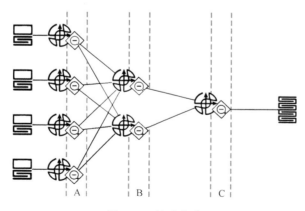

图 12.1   策略分发

图中的小型网络只有一条策略，即源端主机（图中左侧）与目的端服务器（图中右侧）之间传递的所有数据包都必须经过状态化包检测服务。假设该状态化包检测服务可以进行虚拟化或者以某种方式部署在网络中的任意位置，那么应该部署在什么位置以及如何配置？应该将其部署在拓扑结构中的 A 点、B 点还是 C 点？

如果在 A 点配置策略，那么就必须在 4 台不同的设备上配置和管理该策略，策略的任何变化都要分发给这 4 台设备，从而为每个受影响的用户提供大致相同的服务。需要注意的是，策略分发不仅要一致，而且还要保证在很短的时间内完成。第 1 章在讨论 CAP 定理时曾经说过，管理网络中大量散乱分布的设备配置是 CAP 定理（一致性、可用性以及分区容忍性，而且只能选择其中的两项）最直接的应用。如果配置分布在多台设备上，那么将默认选择分区容忍性，从而必须在一致性与可用性之间舍弃一个。大多数情况下舍弃的都是三元组中的一致性。网络运营商通常"舍弃"的是实时管理网络中的每台设备的配置。

虽然在 A 点配置策略存在管理压力大的缺点，而且也无法实时做到每台设备配置的一致性，但这样做也有一个好处。如果数据包不在状态化包过滤设备上配置的策略所允许范围内，那么就能做到早期丢弃，这就意味着网络不用再去承载最终将被过滤设备丢弃的数据包，从而避免了资源浪费。此外，这种策略部署方式还会将大部分网络暴露给未经过滤的流量，攻击者可能会利用这些"未经过滤的空间"对网络发起远程攻击。

如果在 C 点部署状态化包检测策略会怎么样呢？虽然这样做能够将需要管理的设备数量减少到一台，但缺点是允许未经过滤的流量穿越网络。

将状态化包过滤器部署在 C 点不仅会降低网络的使用效率，而且还意味着在 C 点部署的设备必须能够与 A 点部署的设备支持相同的负荷与流量流。也就是说，C 点部署的单台设备的容量必须能够扩展到 A 点部署的设备的 4 倍。

现有的服务模型存在两个问题。首先，必须将服务引入到流量流中。虽然可以采取某种形式的流量工程，但所有流量最终都必须穿越实现服务实例化的特定装置或设备，这样才能应用策略。其次，服务必须以适应其在网络中的部署位置的方式进行扩展，而不是以适应其用法的方式进行扩展。从网络运营或业务发展的角度来看，这两种方式都不理想。

如果不将服务引导到流量流中，而是将状态化包过滤器部署在流量将要经过的网络位置上（也就是将流量带到服务中），那么会怎么样呢？此时服务在网络中的位置与该服务所表示的策略的部署位置相分离，而且服务能够进行横向扩展（而非纵向扩展）。

这正是服务链能够给运营商带来的好处。服务链可以将流量流引入策略中，从而可以在更少的位置上利用更少的设备（最好使用一组虚拟化的标准硬件）来部署策略。图 12.2 就将状态化包检测服务集中在单一可扩展的服务上（该服务运行在网络中的某个位置），利用服务链技术将所有数据包都通过服务器推送给最终的目的端。

利用状态/速度/交互面模型进行分析，可以帮助大家更清晰地理解各种复杂性权衡问题。

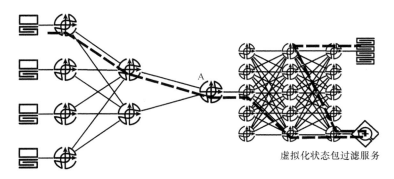

图 12.2   利用虚拟化服务替代专用设备

12.1.1   状态与服务链

虚拟化服务的核心驱动力是减少网络中的策略分发量。如果操作得当，服务虚拟化完全可以将策略从大量设备（数百台甚至数十万台[对手机等移动设备的网络边缘进行虚拟化时]）转移到单个 DC Fabric（数据中心交换矩阵或交换网）中。转移了这些服务之后，就可以将与之相关的策略通过自动化系统进行集中化管理。这一点对于运营商来说是一个巨大的收获，因为从策略的角度来看，这样做可以非常有效地管理各种通用策略以及各种个性化策略，从而大幅降低管理成本及复杂性。

不过从控制面的角度来看，这样做会增加网络中的状态数量。

首先，必须有某种形式的隧道以及相关联的控制面（而不是通过一系列服务）将流量传送到目的端（如第 11 章所述）。如果虚拟化服务位于数据中心，那么隧道以及相关联的控制面信息就不会增加很多额外的复杂性，因而绝大多数数据中心网络都已经建立了利用 DC Fabric 提供简单交换机制的底层网络（通常是纯 IP 网络或 IP/MPLS 网络），以及为虚拟化连接提供丰富控制面的叠加式网络，因而必要的隧道机制很可能早就部署到位了。

其次，必须在网络中的某个位置部署服务链。此处的设备需要构造隧道报头以携带所有服务的相关信息，而且还要让流中的所有数据包都必须以某种方式进入隧道（或者将服务链报头写入数据包）。为了实现这一点，服务链本身必须通过控制面或管理系统到达数据中心网络的边缘（通常是 DC Fabric 的入站边缘或网关设备）。该服务链信息是控制面所承载的一种额外状态，因而会增加控制面的状态数量，进而增加控制面的复杂性。

虚拟化对于状态来说好坏参半。一方面，虚拟化减少了策略分发量与状态数量（从策略的角度来看），但另一方面又增加了控制面的状态和网络的迂回度。与所有网络设计方案一样，每个网络都不存在唯一"正确"的答案，大部分网络都能通过服务虚拟化方式降低总体复杂性，但也有少量网络可能会因服务虚拟化而增加总体复杂性。

12.1.2 状态与优化

通过服务链承载流量流几乎肯定会增加网络的迂回度。对比图 12.1 和图 12.2 就可以明显看出，将服务从设备中的内嵌式服务转变成路径上的非内嵌式服务，最后再转变成连接在 DC Fabric 上的虚拟化服务之后，网络的迂回度也随之增加。虽然 DC Fabric 已经（或应当）进行了优化以实现超低时延、超低丢包率、超低抖动以及各种最佳服务质量效果，但网络中仍然存在一些额外的路由跳。流量流必须穿越数据中心边缘（网关）并经过三跳（或更多跳，取决于网络拓扑结构）穿越 DC Fabric 到达 ToR（Top-of-Rack，架顶）交换机，再到达虚拟状态化包过滤服务所在位置，穿越 ToR 计算侧的 Hypervisor 和虚拟交换机之后，再通过 Hypervisor 和虚拟交换机返回，再经过三跳（或多跳）穿越 DC Fabric 之后才能最终到达服务器。可以看出这种方式增加了网络迂回度，不可避免地增加了流量流必须穿越的数据面的复杂性。此外，服务链方式还会引入一些额外队列以及对数据包进行解封装，然后再进行封装等额外操作。

就纯粹的资源利用率而言，以这种方式增加网络迂回度还会降低网络的效率。虽然虚拟化能够提高网络的整体效率，但是随着流量流穿越网络时的路径迂回度的增加，处理一个流所需的总宽带也将随之增加，因而虚拟化对于网络优化（至少在宽带利用率方面）来说会产生一定的负面影响。

对比图 12.1 和图 12.2 可以看出数据包在被过滤之前在网络中传递所消耗的时间，从而可以判断出服务链的优化权衡问题。对于绝大多数服务链解决方案来说，流量都采取隧道方式穿越网络，从而在一定程度上降低了安全暴露风险（虽然隧道并不是一种很强大的安全机制，但至少可以防止将内部设备接口暴露给外部流量）。未被过滤的流量仍然需要通过网络进行承载，只能在过滤器上进行过滤，从而导致带宽、电力以及其他资源的无谓浪费。

注：

本例讨论了进出 DC Fabric 的流量，解释了工程师们在考虑服务链技术时所必须权衡的最坏情况。对于数据中心或者云 Fabric 的东/西向流量而言，这些权衡可能会带来另一种效果——服务链技术可能会在网络利用率方面提供更好的优化能力。工程师们必须同时了解这两种情况，认真考虑服务链技术对复杂性的增加以及对网络优化的影响等因素。

12.1.3　交互面与策略交互

仍然以图 12.2 为例，DC 边缘路由器（图中的路由器 A）如何知道入站流中的数据包使用了何种服务链呢？必须以某种方式在控制面上携带该信息（这一点在前面讨论状态问题时已经提及），但是如何将该信息传递给边缘路由器的控制面呢？这就要求控制面与提供该信息的外部系统之间一定存在着连接关系，那么该外部系统必须完成哪些操作呢？

- 确定正确的策略。

- 确定流与必须应用的策略之间的映射关系。

- 确定虚拟化服务在网络（该网络可以提供这些服务）中的位置。

- 确定正确的服务链，从而推送数据包穿越该组服务。

- 将服务链信息通告给控制面。

忽略外部系统（可以称为编排器，因为该系统负责编排流与服务位置之间的映射关系）所增加的复杂性，但控制面与外部系统之间的交互则是必须考虑的一个交互面。很明显，为了完成这些任务而增加一个新的交互面，肯定会增加整个系统的复杂性。

12.1.4　交互面与策略代理

另一个需要考虑的交互面就是分组级策略与转发策略之间的关联。流量从路由器 A 进入 DC Fabric 后，必须有某种形式的分类器将数据包识别为属于应用了特定服务链的特定流。该分类机制实际上充当了服务代理的角色，所有给定的数据包或流都必须通过这些服务链接起来，将一组策略集中化的过程实际上就是将另一组策略有效分发到网络边缘的过程。

当然，这两组策略之间也有很多差异之处。

- 包检测策略（可能）是一组必须检查多种字段的深层过滤/放行策略。所检查的信息还包括数据包所组成的流的信息，如流的状态、传输的信息类型以及有效和无效编码等信息。

- 包分类策略通常被设计为尽可能少地处理相关信息，如目的地址或五元组（源地址和目的地址、源端口和目的端口以及协议）。

- 包检测服务通常在网络中独立存在。虽然同一台设备可以同时提供包检测服务以及其他服务，但是在概念上不能将包检测服务与负载均衡等服务混为一谈。

- 包分类服务通常要处理所有的数据包以支持各种服务。可以在网络边缘对数据包进行分类并施加服务链，从而实现包检测、负载共享以及其他服务。

常见做法是将网络边缘的包检测策略替换成将流量引导到服务链中的包分类器，利用通用服务来替代专用服务。虽然这种做法并没有消除策略分发问题，但可以让多种服务共享同一通道，而且还能沿着网络边缘进行部署。因此，网络边缘的复杂性虽然并没有被服务链技术所消除，但复杂性的权重却从网络边缘转移到了集中化服务。

在网络中将转发策略作为更复杂策略的代理时需要考虑相应的负面效应，那就是控制面与转发面之间的交互面深度也会增加，而不仅仅是交互广度的增加。如果在控制面中携带策略，那就意味着控制面不但要确定可到达性，而且还要携带数据包穿越网络时必须为这些数据包应用的策略。为了确保能够正确解析、安装并管理控制面所携带的策略信息，要求边缘设备上的控制面与转发面之间必须有相应的关联点或交互点。

12.2　其他设计考虑

由于本书所说的状态/速度/交互面模型并不能完全涵盖所有的复杂性权衡问题，因而本节将详细讨论这些例外情况。对于较为传统的网络设计人员来说，他们通常会关注以下领域：

- 故障域的大小；
- 抽象（隐藏状态）与 MTTR 之间的关系；
- 网络操作的可预测性。

12.2.1　耦合与故障域

故障域是所有网络工程师首先学会的一种经验（非常艰难），这也是网络设计中的重要一环。两个紧耦合系统会形成单一故障域，此时某个系统中的故障会"泄露"到另一个系统中，导致第一个系统的故障蔓延到第二个系统中。路由重分发就是这样的例子（如图 12.3 所示）。

图中的路由器 A 通过 eBGP 向路由器 B 发送了大量路由。为了使场景更加贴近现实，假设这是一个默认的 Internet 全路由表，拥有 50 多万条路由（该数值截至本书出版之时，不过该数值肯定会一直增长）。路由器 B 被配置为路由器 E 的路由反射器客户端，因而在 AS 内部传递完整的 Internet 路由表。此外，路由器 B 还被配置为将经 eBGP 从路由器 A 学到的一小部分路由重分发到本地 OSPF 进程中。虽然这种协议间的路由重分发操作并不常见，但是对于现实网络来说还是有应用场景的。

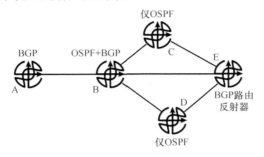

图 12.3 耦合与故障域

如果配置了这种重分发操作，那么这种重分发操作就有可能会出现差错，比方说操作人员配错了过滤器（如过滤器可能使用了被其他人禁用的团体属性，因为操作人员并不知道这些团体属性的当前用途）或配错了重分发语句（这两种情况都是现实存在的）。重分发失败的结果就是将所有的 BGP 路由都重分发到 OSPF 中，导致 OSPF 出现收敛故障，而 OSPF 的故障又会反过来导致 BGP 出现故障（因为 BGP 依赖底层 IP 连接的正常工作），进而导致整个网络出现崩溃。

本例中的 OSPF 与 BGP 属于紧耦合关系，不仅表现在重分发关系上，而且还表现在 BGP 依赖 OSPF 提供其正常运行的底层可达性。到目前为止，很多网络工程师仍然对这种场景感到疑惑，他们认为已经为重分发配置了过滤器，也在两个控制面之间配置了路由重分发进程，应该已经消除或减弱了两者之间的耦合关系，从而分离了故障域。

除了导致网络崩溃之外，还可能会出现其他故障行为，即应该转发到路由器 A 后面的目的端的流量可能会在路由器 C 或路由器 D 处出现黑洞路由。假设某数据包的目的端位于路由器 A 的后面，路由器 E 将数据包转发给了路由器 C。由于路由器 C 未运行 BGP，必须依赖学自 OSPF 的路由来构建自己的转发表项，并利用该表项来交换数据包。如果路由器 B 没有将 BGP 路由重分发到 OSPF 中，那么路由器 C 如何知道该目的端呢？答案是路由器 C 不知道该目的端，因而丢弃该流量。在这种情况下，两个控制面（BGP 和 OSPF）的运行都没有问题，但两者结合起来就会出现网络故障。因此，本例中的两套系统必须实现紧耦合才能保证网络的正常运行。

对于本书一直在用的复杂性模型中的交互面来说，这里涉及两个交互面。

- 重分发交互面。通过在网络中少数明确定义的位置进行重分发来控制该交互面的宽度，通过重分发过滤器来控制该交互面的深度。因此，虽然该交互面是一个深度交互面，但是被限定在了尽可能小的范围内。

- 某个系统提供的可达性与另一个系统运行之间的交互面。虽然该交互面的深度不是很深，但交互宽度很宽。两种协议在第一个交互点上的交互深度控制失效会导致第二个交互点出现故障，这也是两个系统跨多个交互面的典型级联故障场景。

注：

如果服务处于松耦合状态，那么某个服务的变更应该不需要其他服务也进行变更。微服务（microservice）的要点就是能够更改并部署某个服务，而无需更改系统中的其他部分，这一点非常重要[1]。

在网络边缘应用服务链（由控制面进行承载）就会创建图 12.4 所示的系统间耦合关系。使用服务链会将控制面与服务体系架构绑定在一起，同时将服务体系架构与数据面或转发状态绑定在一起。这种耦合方式的本质就是将服务（将服务与服务链连接在一起的编排服务）与控制面组合成单个大故障域。图 12.4 中的某个系统故障会以灾难性方式影响其他系统。

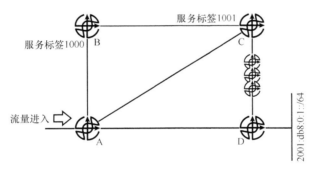

图 12.4　服务链中的紧耦合故障域

从图 12.4 可以看出：

- 一个目的前缀为 2001:db8:0:1::/64 的数据包进入路由器 A；

- 路由器 A 配置的策略会给该数据包应用一个服务链，使得该数据包先后穿越标签为 1000 和 1001 的服务，然后再进行正常转发；

- 数据包沿服务链到达路由器 B 之后，路由器 B 会删除第一个标签，然后再把数据包转发给路由器 C；

1 Sam Newman, *Building Microservices*, First Edition (O'Reilly Media, 2015), 30.

- 数据包沿服务链到达路由器 C 之后，路由器 C 处理该数据包并删除服务链，然后再沿最短路径将数据包转发到 2001:db8:0:1::/64；

- 从路由器 C 到 2001:db8:0:1::/64 的最短路径是经由路由器 A 的路径；

- 数据包转发到路由器 A 之后，路由器 A 配置的策略会给该数据包应用一个服务链，使得该数据包先后穿越标签为 1000 和 1001 的服务，然后再进行正常转发。

上述进程的问题很明显。如果去往 2001:db8:0:1::/64 的流足够大，那么服务链的简单故障就可能会转化为级联故障，环回流量将轻易占满这三条链路中的某一条链路，致使分布式路由协议出现故障。

12.2.2   故障诊断

有效地诊断网络故障在很大程度上依赖于某些底层进程，如半分（half splitting）进程（其过程如下）。

1．找到信号或信息穿越系统的路径。

2．找到该路径的"半途"点。

3．在半途点处测量信号以确定其是否（如预期那样）正确。

4．如果与预期相同，那么就在当前测量点与信号路径终点间的半途点重复上述测量过程。

5．如果与预期不同，那么就在当前测量点与信号路径起点间的半途点重复上述测量过程。

诊断网络（或其他系统）故障的能力取决于工程师理解信号或信息流穿越网络时的路径的能力。Edsgar Dijkstra 在论文中以更有说服力的方式，用编程语言的 **goto** 语句描述了上述场景。

> **注：**
>
> 我的第一个观点是，虽然程序员的工作在编完了一个正确的程序之后就结束了，但是在他的程序控制下发生的所有行为才是他工作的真正意义，因为该进程必须达到预期效果，而且进程在动态操作过程中必须满足预期规范。然而现实却是程序员们编完程序之后的所有处理过程均由机器来完成，因而毫无节制地使用 **goto** 语句的直接后果就是很难找到一组有

意义的坐标来描述进程的执行情况[1]。

从本质上来说，Dijkstra（是链路状态协议中广泛使用的 SPF 算法的发明者）认为使用 **goto** 语句会让信息流与码流的连接变得更加困难。试图诊断并修复故障时，不能简单地阅读代码，而必须沿着 **goto** 语句的操作行为"中断上下文"，从而将整个流重新整合在一起。再来看看 Dijkstra 的观点。

> **注：**
>
> 我的第二个观点是，我们的智力更倾向于掌握静态关系，对随时间变化的进程可视化能力相对较差。因而我们应该（因为聪明的程序员知道我们的局限性）尽最大努力缩小静态程序与动态进程之间的概念差距，使程序（在文本空间上延展）与进程（在时间上延展）之间的对应关系变得尽可能的简单[2]。

对应到网络世界（特别是服务链）就显得非常简单：服务链就是与 **goto** 语句相等效的软件。

虽然现在的程序员们都在广泛使用 **goto** 语句（Linux 内核代码[3]中就包含了 10 万多条 **goto** 语句），但他们通常是在模式（或模型）中使用 **goto** 语句，这样就能很容易地理解 **goto** 语句的用途，而且也知道如何跟踪穿越进程的信息。虽然人们认为使用多条 **goto** 语句（而不是 **if/else** 结构）是一种很不好的编程方式，但是遇到差错时利用 **goto** 语句来跳出循环却没有问题。需要注意的是，如果一条 **goto** 语句又通向另一条 **goto** 语句，那么这就属于特别糟糕的编程方式，因为这样做通常会让代码变得杂乱无章。

在网络世界中使用服务链创建杂乱的流量流与在程序中使用 **goto** 语句创建杂乱的代码一样简单（也同样糟糕）。这样做的后果是使得流经系统的信息流与服务链本身毫无关系，进而导致排障困难以及 MTTR 和 MTBM（Mean Time Between Maintenance，平均维护间隔时间）居高不下。

举例来说，假设某网络工程师正试图解决穿越特定网络时出现的抖动问题。该工程师首先从网络边缘开始，检查用来转发穿越该网络的特定类型流中的数据包的路由表项，检查了入站设备的转发表之后，该工程师发现了一组流标签。

那么接下来该怎么办呢？这组流标签是什么意思呢？该数据包将流经哪个网段呢？抽

1　Edsgar Dijsktra, "Go To Statement Considered Harmful," University of Arizona , http://www.u.arizona.edu/~rubinson/copyright_violations/Go_To_Considered_Harmful.html.

2　同上。

3　"Goto," Wikipedia , https://en.wikipedia.org/wiki/Goto#Criticism_and_decline.

象出这些信息之后，该工程师必须深入分析转发表，将这些标签与转发路径关联起来。同样，转发路径本身也与拓扑结构相分离。

缺乏关联关系会大大削弱工程师们快速理解并诊断当前故障的能力，使得网络级故障诊断变成一个复杂的问题。

12.2.3　网络操作的可预测性

一个常常不被提及的网络设计准则就是可预测性。在网络设计过程中追求可预测性的主要原因如下。

- 难以度量网络中经常发生变化的事物，而这些事物又提供了有意义的网络基线。如果网络的状态（包括特定流或应用程序流量的路径）经常发生变化，那么就很难确定网络的"正常状态"，而无法确定网络的"正常状态"又会直接影响网络工程师预测未来需求以及修复网络故障的能力。如果不知道"正常状态"，那么就无法知道什么地方出现了问题。

- 出现故障后无法知道网络应该处于何种状态。链路出现故障后，流量会流向何处？如果流向该处，会有什么影响？

如果网络工程师们不能回答这些问题（这些问题对于预测额外带宽需求、应用服务质量策略的位置、控制时延和抖动以及其他许多事情来说都非常重要），那么他们就会陷入一种恐慌。

试着从更高层次的视角来处理问题更有意义，应该更多地挖掘网络信息，而不是试图去预测每一条链路。我们无法在网络工程的设计阶段或部署阶段定义网络的所有信息，相反，有时需要在运行过程发现它们。

12.3　编排效应

服务链和功能虚拟化通过以下两种方式使得理解和管理穿越网络的信息流变得更加容易。

首先，服务链会将拓扑结构抽象出来（与链路状态泛洪域的边界非常相似），仅留下特定流必须穿越的服务的信息以及这些服务修改流的方式的信息。这种抽象能力可以减轻编排系统（可以根据需要整合服务并将流与服务进行匹配）处理细节信息（如流量穿越网络的方式）的压力。同样，这种抽象能力还可以让那些更有商业头脑的人专注于信息流，而无需关注网络的实际运行方式，从而提高商业驱动力与网络工程（包括设计、部署与运维等方面）之间的关联关系，在两者之间建立一条有效路径。

这种做法可以有效实现拓扑结构与策略分离，并实现控制面分层。每一层都能很好地处理一种类型的信息，并通过明确定义且受约束的交互面与其他层进行交互。这种方式符合内聚原则（cohesion principle）：也就是将相关行为聚集在一起，将不相关行为置入其他组件中。同时，这种方式还有助于实现单一职责原则（single responsibility principle）：也就是让每个特定服务或组件都集中于做好一项工作。

其次，虚拟化功能可以将服务分解成更小的可横向扩展的服务单元，而不用维护必须纵向扩展的大型单一服务。每个服务单元都是一个非常标准的"事物"，可以进行单独管理，包括部署在网络上有资源的地方，而不是流量已经流经的地方。虚拟化与服务链相结合，可以将服务作为弱干预的服务进行管理，而不是作为强干预的设备或独特的定制化设计方案（也称为"特殊雪花"）进行管理。

纵向扩展（Scale Up）与横向扩展（Scale Out）

纵向扩展与横向扩展不是网络工程领域的常用术语，而是应用程序开发领域的常用术语。它们的含义是什么？可以将两者之间的区别看作创建多个并行资源与创建单一较大资源之间的区别（如图 12.5 所示）。

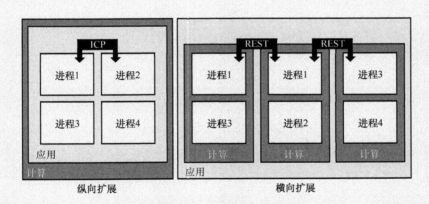

图 12.5　纵向扩展与横向扩展

例如，如果纵向扩展方案中的进程 1 出现了超载状态，那么就必须扩大整个计算容器。有时应用程序的开发相对较为容易，因为应用程序内的进程间调用是"本地"行为，而且还可以利用共享内存等机制来简化参数传递以及功能特性的部署操作。对于横向扩展解决方案来说，必须将每个进程都设计成自包含进程，而且必须将应用程序分解成小的服务或微服务，这些服务（可能）运行在不同的计算平台上，甚至可能使用不同的语言和环境，并利用 REST 等通信接口通过网络进行通信。不过，将应用程序分解成微服务之后，每个进程都能单独进行扩展、替换以及管理。

将应用程序分解成多个进程之后，每个进程都可以代表一种服务，而且可以通过服务链将这些服务组合在一起（大家在前面已经看到了，不是吗？）。

网络工程领域的一个类似场景就是高速链路与多条低速并行链路之间的区别。如果实际流量超过了链路带宽，那么有两种解决方案：一种方式是将链路升级成更高速率的链路（即纵向扩展）；另一种方式则是增加更多的并行链路（横向扩展）。当然，每种解决方案都有各自的优缺点。

12.4 管理复杂性

这里非常有必要回到本书的开头并考虑复杂性在网络中的角色，虽然我们无法从根本上解决复杂性问题，但仍然需要利用复杂的解决方案来解决棘手的问题。对于绝大多数网络工程师、设计人员、架构师以及其他与网络技术相关的从业人员来说，大家所能做的就是管理好复杂性。虽然我们并不害怕复杂性，但是也绝不能毫无价值地增加复杂性。按照这个思路，网络工程师们如何利用服务虚拟化和服务链技术来管理复杂性呢？

首先讨论一些基础信息，大家还记得图 12.6 所示的沙漏模型吗？

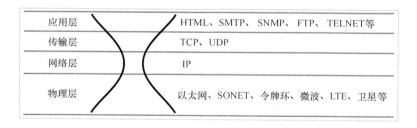

应用层	HTML、SMTP、SNMP、FTP、TELNET等
传输层	TCP、UDP
网络层	IP
物理层	以太网、SONET、令牌环、微波、LTE、卫星等

图 12.6   降低复杂性的沙漏模型

我们应该在网络中尽量构造沙漏模型，因为这样做不但有助于实现跨域的松耦合关系，而且还能分离复杂性。虽然网络中可能并不存在多种物理层协议，但很有可能会在单一架构上部署多种不同的控制面协议以及在数量上相匹配的传输叠加机制。如果在单一 IP 基础设施上同时运行 VXLAN、NVGRE、MPLS 以及 MPLSoGRE，那么会有什么问题？如果网络中部署了多个 SDN 控制器，BGP 以及其他机制都成为相互交叠的控制面协议，那么又会怎么样呢？

我们需要回到前面讨论过的状态/速度/交互面/优化的复杂性模型来分析上述问题：每个额外的控制面都会增加一层状态，每个额外的传输系统都会增加一个交互面。这里有一个经验法则：由于无法控制网络中某些领域的复杂性（如应用程序在网络中的运行方式以及流量穿越网络时使用的路径），因而必须严格控制自己可控的复杂性。为此鼓励大家使用沙漏模型，因为这样做会提高复杂性的可管理性。

其次，要牢记前面所说的 **goto** 教训。一旦用上了 **goto** 语句，就会让人收不住。"我们为什么不将这部分服务放在这个数据中心，将那部分服务放在那个数据中心呢？我们为什么不在后端的各种数据库之间、前端的各种服务之间以及中间的各种业务逻辑之间使用业务链呢？"

答案就在于这样做的后果很可能会让应用程序代码变得杂乱无章。就像无法维护应用程序中杂乱无章的代码一样，我们也无法维护将应用程序拆得七零八落的各种服务。我们在设计应用程序结构时，应该弄清楚服务链的 **goto** 语句允许做什么以及不允许做什么。例如，通常建议"流量穿越了某种服务之后，就不应该再次穿越同一个服务。"这一点与不应该在多个模块中连续使用 **goto** 语句相似，因为这样做就无法在脑海中将流量流与逻辑（或服务）流关联起来。

12.5 最后的思考

既然构建和管理虚拟化服务及服务链如此复杂，那为什么还有那么多大型网络运营商都在朝着这个方向努力呢？主要原因就在于业务逻辑和开发人员又将复杂性扔了回来（仅此一次）。无论是将复杂性归入网络，还是将复杂性归入应用程序和业务逻辑，最终都属于商业决策，但是人们通常会因为某些原因更倾向于将复杂性归入网络，举例如下。

- 使应用程序的开发进程与业务运行的流程及步伐保持一致，让 IT 创造更多的价值。反过来，也可以让 IT 与业务运行的关系更加紧密（这是一件好事）。

- 将单一应用程序分解成多个单独的服务，可以让企业快速构建应用程序。这就意味着企业无需完全从头开始即可开发和提供新服务，重用现有服务比重用现有单一应用程序更加容易。

- 将单一应用程序分解成多个单独的服务，可以让开发团队在构建和管理应用程序时规避很多传统问题。例如，对于运行在机房中的服务器上拥有庞大业务量的大型应用程序来说，由于该应用程序对企业的正常运行至关重要，因而几乎没有人敢去碰它。

从成本效益的角度来看，服务虚拟化通常是一种非常好的权衡决策，这也是服务虚拟化概念如此流行（特别是在大规模服务提供商网络中）的根本原因。

第 13 章

复杂性与云

云计算是当今网络和信息技术界的大事件。几乎所有的人都希望构建或使用云,因而业界围绕众所周知却又鲜有人真正理解的云计算建立了一组定义、概念以及最佳实践。

云的好处就是可以将信息迁移到云上,然后将基础设施的建设与管理工作都外包给别人,理论上由云服务提供商管理基础设施的成本会更低,而且还可以在需要的时候提供按需服务。将业务迁移到云上应该可以节省大量的时间和金钱,至少理论上如此。

本章将考虑复杂性与云之间的关系。迁移到云上是否能够真正解决网络、计算以及存储等基础设施所面临的所有复杂性问题?或者只是将复杂性转移到了其他地方?云是否会因为转移复杂性而成为解决复杂性的灵丹妙药?亦或仅仅是工程师们必须认真思考的另外一种权衡?

根据前面的复杂性讨论结果,答案很明显,即云不是所有网络复杂性问题的终极解决方案。云只能转移复杂性问题,而不能从根本上消除或解决复杂性问题。

本章将从三个角度来探讨云问题。首先讨论复杂性与云的关系模型,然后讨论一种替代模型,可以对所支持的服务类型进行分解,最后讨论云解决方案的一些具体问题及复杂性。

13.1 复杂性在何处

看到这里的时候,相信大家已经知道无法完全消除复杂性。事实上,人们很难在任何时候都能有效地转移复杂性;有时人们可能会在错误地方对复杂性问题进行分解并试图转移错误的复杂性部分,这样做的后果是使问题变得更加复杂。为了避免出现这种情况,通常要以某种方式对问题进行建模，从而全面考虑状态、速度以及交互面之间的复杂性权衡问题。图 13.1 给出了一种可以将权衡决策分解成多个可管组件的模型。

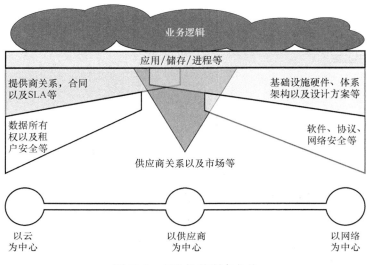

图 13.1   复杂性的所在之处

图 13.1 显示了面向特定应用或系统的三种部署模式。虽然这三种部署模式在现实世界中存在一定程度的差异（如混合云），但集中分析这三种部署模式对于理解一些基本问题还是非常有用的。

每种部署模式都必须管理业务逻辑、应用开发、确定存储内容及存储位置、进程管理以及与应用构建及运行相关的其他内容，从而满足特定的业务需求。不过从右往左看，不同的复杂性可能会相互抵消。

13.1.1   以云为中心

从最左侧开始，以云为中心的部署模式是将所有的处理和数据存储都迁移（或创建）到云提供商的服务中。这非常吸引人，因为它允许企业将重点放在手头问题的实际信息处理上，完全不用与基础设施硬件、架构、网络或计算和存储设计、基础设施工具及软件、控制面协议以及其他与网络运行相关的所有组件进行交互。这些交互会给企业带来非常大的管理负担，对于那些重点关注产品或服务而不是技术的企业来说更是如此。

虽然权衡取舍的另一面会带来很多额外的业务及技术复杂性，从业务角度来看，会导致业务对云提供商的依赖（包括响应和信任）。需要注意的是，大多数提供商有自己的业务计划（非常惊讶，是不是？），而且他们的业务计划并不总是能够完全满足你的业务计划需求。也就是说，云提供商可能会根据你的业务状态来扩大其业务提供能力，但并不总是按照你认为的方式去做。

不过我们不是一家科技公司……

技术人员与业务人员之间最困难的沟通可能就要数这句话了："我们不是一家科技公司。"我清楚地记得第一次听到这句话的时候，当时正与一家大型制造商的高级经理讨论一个新项目。这位经理说："这些都是好东西，但我们不是一家科技公司，我们开发小工具，这就是我们真正感兴趣的地方。"专注于核心竞争力是每个商业人士早就学会的东西，而且这是一项非常有效且非常重要的技能。即使对于工程师来说，专注于核心竞争力也是其确定职业选择与加强培训的主要出发点。但这个问题也有另外一面，无论喜欢与否，你总是处于信息行业当中，这一点与你建设、制造或学习什么毫无关系。

将进程和信息迁移到云上最吸引人的地方就在于能够将业务从 IT 世界中解放出来，但现实却是无论你离技术世界多么遥远，也无论你的核心竞争力是什么，你仍然在身处信息行业之中。将技术外包给云提供商的同时，一定要意识到连信息也一起外包给了云提供商。从商业的角度来看，如果认为可以让业务"远离 IT 世界"，那么这种想法将极其危险。

在不同的情况下，外包信息以及/或处理信息所需的技术可能会/也可能不会被接受，但无论是哪种情况，都必须认真考虑其本质，不能仅将其视为一组复杂问题的简单解决方案。对于信息外包来说，可能能够更好地专注于核心竞争力，但也可能无法管理好给你带来战略优势的大量信息。此时需要保持开放的头脑和独立的思考，明确信息本身何时是核心竞争力，何时不是核心竞争力。

13.1.2 以供应商为中心

以供应商为中心的部署模型是网络世界最常见的部署模型。对于任何给定项目来说，首先都会列出一组需求，然后根据这些需求咨询多个供应商，明确这些供应商都能提供哪些产品或者计划提供哪些产品来满足这些需求。虽然工程师们认为这种部署模型并不属于外包模式，但实际却是外包无疑，只不过此时外包的是一些基本（或高级）的设计工作、网络软件进程（包括协议）的管理工作以及硬件组件的设计与建设工作。

这种外包方式有很多正面意义，公司可以拥有一个供应商合作伙伴，由该合作伙伴负责开展大量的基础研究以跟上技术发展趋势，而且出现故障时只要"打个电话"即可。这种解决方案就像利用积木搭建城堡一样，虽然选择有限，但这些选择限制对于经验丰富和技术娴熟的人们来说，他们知道该怎么做。这种方式允许企业摆脱大量繁重的工程负担，利用半定制解决方案来保持业务领先，同时还能保持业务数据的所有权。

虽然企业仍然要与业务逻辑、应用程序以及大量信息处理难题打交道，但是不用再费心筹划网络设计方案及网络架构、设备生命周期以及其他相关事项。该权衡取舍的另一面就是企业必须管理与一系列供应商之间的关系，包括找到熟悉特定供应商设备的人员，通过培训、网络现状、思维方式以及其他许多潜在因素来确定如何避免被供应商套牢。虽然这是大多数公司的可选项，但实际上对于企业和供应商来说都是最糟糕的选择。供应商关系可能与云提供商关系一样难以控制，设计方案的约束可能会限制企业的战略优势带来的机会，从而妨碍业务的持续增长，最终导致企业的业务与供应商的发展计划（升级和发布新产品）绑定在一起。

13.1.3　以网络为中心

以网络为中心的部署模型可以被视为与网络技术中的白盒趋势相一致。在这种部署模式下，企业的基础设施硬件和软件都可能外包给不同的公司或供应商，将硬件和软件解耦，由 IT 员工实施更多的集成工作，将所有组件都集成为一个统一的整体。

这种模式要求企业必须拥有大量优秀的 IT 员工，因而从纯粹的复杂性角度来看，这种模式不适合内心胆怯的人。参与这类项目的工程师都必须专注于技术，而不是供应商或提供的产品，而且必须知道如何整合和管理这些组件以形成一个有机的统一体。当然，从工程的角度来看，现实世界中以供应商为中心的部署模式与以网络为中心的部署模式在复杂性程度上可能非常相似，事实上不存在能够满足所有项目或业务规划需求的供应商解决方案。

从工程角度来看，此时的复杂性权衡是将业务从供应商的升级路标中解放出来，可以根据当前的工作需求将网络规模调整到合适大小，而且还能快速利用设计方案以及网络架构中的新想法来获得竞争优势。

13.1.4　有"正确模式吗？"

虽然从前面的三种部署模式中选择一种并标为"正确模式"确实很有吸引力，但事实上，对于任何特定应用或业务来说，都可能存在多种不同的最佳模式。例如，将销售跟踪业务外包出去可能是个好主意，而同时在以网络为中心的数据中心为企业独特的制造流程建立自己的客户软件也是一种很好的选择。这里的关键是要找到一组模型，来帮助架构师在复杂性与业务需求之间做出权衡取舍，而不是简单地提供一个答案。

13.2　集中化什么

虽然第一种云服务模型有助于理解使用云服务时的权衡取舍，但是这里介绍的第二种模型对于理解云服务的范围和界限更加有效。对于任何特定的应用或技术系统来说，真正的云服务基础组件一般仅包括下面这些。

- **存储**：对于暂时未用的信息需要将其存储起来。

- **基础设施或管道**：是在其他系统组件之间移动信息的系统组件。

- **计算**：用于执行实际处理功能所需的计算能力。

- **软件环境**：用于开发和部署应用程序的软件和服务集，包括操作系统、数据库系统以及其他组件。

- **智能/分析**：用于处理信息的逻辑以及实现相应逻辑的代码。

虽然这些组件中的每一个组件都非常复杂，但这些组件都是所有信息技术系统的基础组件。其他组件要么是组合和管理这些组件，要么是通过某种方式与这些组件进行交互。因此，可以根据下列被集中化、虚拟化或外包的服务类型来分解云服务。

- **存储即服务**：只要在服务上通过少量处理和/或应用程序 API 就能有效提供集中存储和同步功能的各种服务。这些服务与简单的存储外包有关。截至本书写作之时，这一领域的主要服务包括 DropBox、Google Drive、SpiderOak、Azure Storage 和 Amazon S3。

- **IaaS（Infrastructure as a Service，基础设施即服务）**：可以提供存储、网络连接、处理能力以及 Hypervisor 框架内的其他工具的各种云服务。用户必须在提供服务的虚拟机上安装自己的操作系统、建立自己的连接，并根据需要构建其他服务。由于这类服务始终包括某种形式的存储系统，因而 IaaS 总是包含存储即服务（即使存储不是 IaaS 的主要服务类型）。虽然 IaaS 属于集中式的存储、基础设施及处理能力，但并不包含智能与/或分析。

- **PaaS（Platform as a Service，平台即服务）**：PaaS 不但能够提供与 IaaS 一样的存储、基础设施及处理服务，而且还能提供软件环境。一般来说，PaaS 服务中的智能是通过虚拟机上安装的操作系统以及数据库后端或其他服务等形式体现出来的。

- **SaaS（Software as a Service，软件即服务）**：可以实现应用程序所有组件的集中化，包括存储、基础设施、处理、软件环境以及智能，甚至还包括业务逻辑。事实上，可以在很多场景下部署 SaaS，包括软件定义广域网。

思考"应该集中什么"或者"应该外包什么"，有助于我们更好地理解应该在业务与技术之间部署何种接口以解决当前面临的各种业务难题。

下面就以 DV（Desktop Virtualization，桌面虚拟化或瘦客户端）为例加以解释。这是一个非常有趣的例子，因为它非常明确地将存储、基础设施、处理能力以及软件环境都进行了集中化和外包。但 DV 有没有将智能和/或分析能力也集中化了呢？虽然这取决于预装在虚拟桌面上的应用程序提供 DV 服务的方式，但是从智能化层面来看，DV 通常仅包含少量智能化服务。这就意味着主要的安全关注点将围绕着 DV 环境下处理的文件的存储，而不是部署在比如 PaaS 云上的应用程序的业务逻辑的实现问题。

13.3　云的难题

掌握了上述部署模型的背景知识之后，，在考虑是否将服务迁移到云上以及哪些服务适合公有云、私有云或混合云，或者哪些服务应该采取更加传统的部署模式时，就比较容易做出实际的复杂性权衡决策了。本节将讨论将应用或数据迁移到云服务时必须处理好的主要复杂性问题。

13.3.1　安全问题

到目前为止，安全问题仍然是企业不愿将数据迁移到云端的最常见原因。虽然目前已经有了很好的解决方案，但是分析针对云服务的可能攻击形式、安全对策以及伴随的复杂性问题依然很有意义。

集中化之后的数据将是一个更大的攻击目标。20 世纪 60 年代初，一帮抢劫犯从格拉斯哥开往伦敦的皇家邮政列车上抢劫了银行的钱箱。他们在途中突袭了这辆列车，列车上装载了这两个城市几十家银行的多余现金，计划在周末假日集中存放到伦敦。该事件是截至当时为止伦敦历史上最大的银行抢劫事件，而且绝大部分钱款到现在都未能追回。从这个事件可以看出，虽然任何一家银行持有的多余现金都不值得抢劫犯们如此精心策划，但是一旦将这些银行的多余现金都集中到一起之后，就完全值得抢劫犯们花费大量时间和精力去策划这次抢劫行动了。

同样，云服务提供商在云端存储的集中化数据总量，对于攻击者来说具有足够大的吸引力，他们可能会绞尽脑汁地策划攻击行为。对于使用云服务的每个企业用户来说，一般都认为自己的企业信息不会引起攻击者的关注，因为获得的数据价值完全无法弥补其攻击成本，但是一旦将这些企业的信息集中在一起之后，所面临的安全形势将截然不同。

> **注：**
>
> 截至本书出版之时，云系统已被爆出多个严重漏洞，有些漏洞甚至泄露了数百万条包含大量个人隐私信息的数据记录，攻击者可能会利用这些信息进行身份窃取甚至敲诈勒索。这些严重漏洞迫使企业必须认真考虑存储到云端之后的信息的安全性，并执行严格的安全审计和安全防范程序。也就是说，企业可以外包数据，但是无法外包责任，数据遭到破坏之后，必须自己处理后续的混乱局面。

云服务带来的复杂性是双重的。云服务的用户必须对云提供商进行审计以确保安全，跟踪提供商云服务存在的所有漏洞，而不仅仅关注那些可能会对客户所关心的数据产生影响的漏洞，任何漏洞都可能只是更大漏洞的冰山一角。此外，对于云服务用户来说，由于数据存储在本地站点之外，或者更确切地说存储在自有网络的物理边界之外，因而必须采取更多的措施来保护自己的数据安全。

另一方面，由于专业的云服务提供商通常都会构建强大的安全系统，而这些安全系统远远超出了几乎所有用户的能力范畴。因此，虽然集中化之后的数据是一个更大的攻击目标，但同样也更容易进行安全防御。

虽然此处的权衡取舍能够到达很好的平衡，但是云服务用户必须意识到从"一次性"位置管理安全所带来的额外复杂性（不是直接访问用于保护云端信息的基础设施、安全策略或控制机制）。

客户交叉攻击。云环境表示一组虚拟机、互连连接（网络）、数据库表以及位于大量物理资源上的存储空间。由于每时每刻都有多个进程运行在单个处理器上，因而始终存在某种形式的交叉攻击威胁（一种安全威胁，某个进程的数据可能会被运行在相同硬件上的其他进程读取或修改）。图 13.2 解释了虚拟化系统中可能存在的交叉攻击点。

虽然通常可以通过虚拟化软件来阻止这类互访行为，但是共享系统上的用户仍然需要检查这类数据破坏与数据攻击行为（如果可能的话），但这样做又会给部署在共享基础设施上的应用程序带来额外的复杂性。

物理介质管理。1981 年一场大飓风（5 级）袭击了美国的墨西哥湾沿岸，洪水淹没了新奥尔良，迫使该市大面积撤离。在灾难发生期间以及随后的清理过程中，发现很多建筑物都被摧毁了，需要重建。这就带来了一个或许有些奇怪但非常重要的问题：那些保存了企业数据的硬盘在这场灾难中发生了什么？如果飓风袭击了企业赖以生存的云服务的数据中心，摧毁了这些硬件，那么数据还会安全吗？

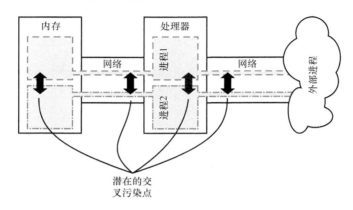

图 13.2　虚拟化系统中的潜在交叉污染点

云服务用户必须在遭受物理灾难、处置硬盘及其他设备以及因内部员工或内部威胁而丢失硬盘的情况下验证他们的数据状态。虽然通常情况下用户除了简单地信任云提供商的安全处理与管控之外别无他法，但是有必要对一些特殊信息进行加密，或者要求对部署在云环境中的应用程序进行特殊处理。

谁控制了密钥？ 最后，令人安心的是，大多数云提供商都会对数据（位于硬件或其他存储设备上）进行加密，使得用户无法查看其他用户的数据。但是，如果提供商提供了加密功能，那么提供商就肯定拥有解密数据所需的密钥，这就意味着至少有一个为提供商工作的人员能够访问密钥，从而可以读取数据本身。

此时的云服务用户至少可以采用以下三种选项。

- 第一种选项是在使用数据的过程中对存储在云服务上的所有信息都进行加密。这样一来，这些信息不但能够得到云提供商提供的加密保护，而且还能在云环境下运行的应用程序中得到加密保护。这种方式会给云环境下的应用程序开发及处理需求引入额外的开销，因而并不总是一个实用解决方案。

- 第二种选项就是信任（可能会进行审计）云提供商的控制机制。云提供商利用该控制机制来管理存储在云环境下的信息访问操作。

- 第三种选项则是定期审计已部署的安全系统，主动检查安全漏洞，或者聘请第三方审计人员来完成该工作。

13.3.2　数据可移植性

对于存储在云环境中的信息和应用来说，第二个值得关注的复杂性问题就是数据可移植性问题。对于集中化智能应用场景（主要是 SaaS 应用）来说这尤其重要。由云提供商开发和维护的应用程序可能会以一种非常特殊的格式进行存储。如果企业决定更换提供商或应用程序，那么从服务中检索信息的过程将从便捷变成不可能。对于 PaaS 应用来说，则不用担心这种情况，因为此时的企业是在云服务提供商提供的 PaaS 服务之上运行自己开发的应用程序，从而能够完全控制信息的格式以及存储方式。

虽然数据可移植性看起来可能是一个相当明显甚至非常平常的问题，但是在企业决定将应用或存储迁移到云环境中时进行的优劣分析的过程中，极少考虑从云环境中迁出数据的成本。在不同的格式之间迁移数据会给新流程或新应用的部署工作带来很大的复杂性。这是企业在考虑将业务外包给云服务时必须特别关注的问题，而且要在一开始就考虑，决不能等到最后再考虑。

13.4　最后的思考

虽然本章没有采用本书其他章节一直在用的状态/速度/交互面复杂度模型，但是对于网络工程师或架构师来说，复杂性并不仅仅来源于协议或拓扑结构。由云计算带来的复杂性权衡通常包括以下两类：一类是业务处理的复杂性与基础设施的复杂性之间的权衡；另一类则是管理关系的复杂性与管理网络基础设施的复杂性之间的权衡。从完全外包/集中化到完全内包/自主管理，网络架构师们可以利用很多有用的模型来规划自己的决策与权衡取舍。

即便你认为可以很安全地将复杂性转移到其他组件，也必须认真考虑复杂性的权衡问题，因为复杂性的权衡问题无处存在。

第 14 章

简单总结

本书讨论了大量严肃的理论知识，从复杂性的一般性描述着手，通过各种网络技术的描述解释了这些技术存在的各种复杂性问题。那么该如何处理这些信息呢？当然，这些章节已经描述了一些直观的应用案例，本章试图把每一个领域中遇到的各种经验都集中在一起。

本章将首先回顾复杂性理论，然后再回顾描述复杂性的三元模型，最后一节将给出日常管理复杂性时可以采取的一些实践步骤，说明这些步骤的目的不是简单地提供答案，而是希望为大家寻找各种场景下的答案提供相应的问题及框架，最终目的是提供一套工具以及看待旧工具的新方式，从而帮助大家更好地管理网络设计与维护过程中出现的复杂性问题。

14.1 复杂性定义

复杂性很难定义（至少在一定程度上如此），因为不同的工程师会发现不同的复杂性事物，某些研究人员甚至认为复杂性就是一个"观察者问题"。与其给出一个精确的定义，还不如考虑以下两个始终出现的与感知复杂性相关的特定要素。虽然无法将复杂性简单地定义成一句话，但是按照能够认识复杂性的角度来描述复杂性还是可行的。

14.1.1 难以理解

人们通常都将难以理解的事物归为复杂性事物（无论是否真的如此）。之所以难以定义复杂性，原因就在于对某个人来说复杂的事物对其他人来说却可能很简单，或者说观察者认为很复杂的事物却缺少关键事实、信息或训练。不过，复杂性的任何定义都必须超越这一观察性问题，必须用某种方式说"这就是复杂性"，而不论是否有特定观察者认为它确实复杂。事实上，设计领域最难以解决的问题之一就是误认为复杂的事情很简单，从而没有对真正存在的复杂性给予足够的重视。

与其争论应该从哪些表象来定义复杂性，还不如寻找一些客观度量，而客观度量通常可以在尝试解决一组互斥事件的方法（包含复杂性）中找到。解决悖论的方案或者试图解决无最终解决方案的问题时都会存在复杂性问题。解决方案越接近最终无法解决的问题，其复杂性也就越高。

14.1.2　意外结果

复杂性的第二个描述与第一个描述有关。工程师们遇到无法解决的问题时，通常都会坚持不懈地尝试解决问题。这种方式的结果就是会产生越来越多的意外结果，虽然这些潜在问题没有出现在原始设计方案中，但是后来却以非期望状态或场景出现了。当然，意外结果也可能只是系统设计不佳或系统设计远远超出其原始操作范围的表现。不过，即便是精心设计的系统，也同样会产生各种意外结果。

14.1.3　大量交互因素

最后，复杂系统通常都拥有大量交互因素。不过，这些因素之间的交互方式以及这些交互因素与复杂性之间的关系已经在本章前面的章节讲解过了。

14.1.4　是什么让事情变得"过于复杂"

虽然复杂性是响应复杂问题的必然结果，但通常都会有一个过于复杂且实施不力（或者称为不合时宜、不可持续甚至"无法扩展"）的解决方案。虽然在极端情况下可以很容易识别这种情况，或者像卡通世界中通过大量不可理喻的一连串事件提供简单服务的奇妙装置一样，但是在现实世界中应该采取什么措施来发现这类系统呢？虽然解决问题的系统可能过于复杂，但是：

- 系统的维护成本首先优于简单解决问题的成本；
- 系统的复杂性高于简单解决问题的复杂性；
- 平均故障时间和/或平均故障修复时间太大，以至于系统用户最终无法解决长时间内应该解决的问题（可用性太低以至于无法满足业务需求）；
- 插入的修复或变更操作会产生大量意外结果，这些意外结果都难以理解，也难以追溯其根源，而且很多或某些问题被修复之后也无法知道所实施的解决方案是如何解决这些问题的。

第 1 章利用图 14.1 中的图表解释了健壮性与复杂性之间的关系。随着问题复杂性的增加，解决方案的复杂性也必然随之增加。在某种程度上，解决方案的复杂性增加会妨碍健壮性的提升。相反，解决方案的复杂性增加实际上也会降低系统的健壮性，此时可以认为解决方案已经过于复杂了。

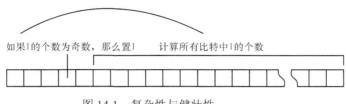

如果1的个数为奇数，那么置1　　计算所有比特中1的个数

图 14.1　复杂性与健壮性

需要记住的是，虽然某些系统在创建之初可能并不太复杂，但是经过一段时间之后就有可能会从较为简单的状态演变为非常复杂的状态。我们可以将进程复杂性的增长过程比作石化，就像骨头或其他组织器官会随着时间的推移逐渐硬化成石头一样。灵活而健壮的设计方案也可能会因为替换或增加各种组件而变得僵化，替换操作可能会导致系统僵化（事实也确实如此）。而系统一旦僵化之后，就会变得脆弱不堪，结果就是系统很难被打破。不过一旦被打破之后，就会变得七零八落，而不仅仅是简单地弱化。

14.2　复杂性是一种权衡

为何不简单地"解决"复杂性问题？又为何不构建一个能够完美解决问题的不复杂系统呢？简单而言，那就是世界本非如此简单。虽然可能还有一些哲学或"更深层次的数学"原因导致无法简单，但原因并不重要，重要的是必须知道复杂性是一种权衡。对于每个问题的任意一组三个相互关联的要素来说，只能选择其中的两个（如图 14.2 所示）。

这种三元复杂性问题的例子很多，举例如下。

- **CAP 定理**。所有的数据库都有三个理想特性：一致性、可访问性和分区容忍性。一致性指的是任意两个用户在任意时间点上的任何操作结果。如果数据库系统一致，那么同时访问同一个数据库的任意两个（或多个）用户检索到的信息将相同，或者说数据库的每个用户都有相同的数据视图（无论何时查看）。顾名思义，可访问性指的是任意用户在任意时间访问数据库信息的能力。分区容忍性指的则是将数据库分区或分散到多个主机系统上的能力。对于数据库来说，不可能同时将这三种属性都做到最大可能的水平。

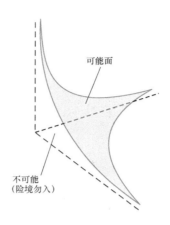

图 14.2   三元权衡复杂性问题

- **快速、廉价和优质**。这是一个众所周知的问题，对于任何领域来说，如果希望廉价和优质，那么就需要花费大量时间；如果希望快速和优质，那么就需要花费更多成本；如果希望廉价且快速，那么就得牺牲质量。这种关系适用于所有事物，包括软件和硬件。

- **快速收敛、稳定性以及简单的控制面**。在网络架构中，缩短收敛时间总是会增加控制面的复杂性，或者导致网络不稳定，从而更容易出现故障。

所有的工程（及生活）领域都存在难以计数的这类"三元"权衡问题。它们存在于各种不同的领域，必须意识到它们广泛存在于我们所处理的每个工程问题中，不仅有很明显的权衡问题，而且还有"更深层次的"权衡问题。例如，很多网络工程师在调整网络以加快网络收敛速度时就很少考虑上面所说的第三种权衡问题，但这种权衡却又与前面的两种权衡一样真实存在（事实上，第三种权衡是第一种权衡 CAP 定理的必然结果）。

现实世界中的复杂性始终是一种权衡问题，必须记住我们所做的任何事情都存在复杂性权衡问题。

14.3   复杂性建模

本书始终使用单一模型来解释、分析和理解复杂性问题：状态、速度及交互面模型。对于每个系统来说，这三个组件中的每一个都与其他组件相互关联，因而全面理解这三个复杂性组件对于管理现实世界中的复杂性来说至关重要。

- **状态**：状态指的是单个组件或系统中携带、持有或以其他方式管理的信息量。本书中的状态主要与控制面中携带的信息量有关，实际上状态可以与任何类型的信息有关，包括 TCP 中的窗口状态，或者路由协议使用的邻居列表（目的是在建立对等会话之前确保双向连接）。

- **速度**：速度指的是控制面中携带的状态的变化速率。本书中的速度与拓扑结构的变化速率相关（拓扑结构的变化会导致控制面中携带的可达性信息的变化），实际上还有很多其他速度实例，如通过网络传送数据的速率变化或者安全证书超时且必须替换的速率。

- **交互面**：交互面可以描述为系统的两个任意子系统（或者两个任意交互系统）的接口深度与广度。两个系统共享的状态越多，或者一个系统严重依赖于对另一个系统所含状态的理解，那么这两个系统的交互深度就越深。两个系统的接触或交互点越多，那么这两个系统的交互广度就越宽。交互深度和交互广度越大，一个系统中的状态与另一个系统中的状态关联程度就越紧密，相应地基于另一个系统的状态变化产生意外结果的可能性就越大。随着交互面的深度和广度的增加，理解和解释给定状态变化的各种可能结果的难度也就越来越大。这只是一个阶乘或阵列乘法问题，位数越多，可能的组合就越多，导致可能的最终状态量也越多，但有的时候我们根本就无法知道或测试每个组合。此外，如果每个系统或子系统利用某种形式的抽象机制隐藏了与特定信息相关的内部操作，那么问题就会变得几乎无限复杂。

虽然状态、速度、交互面以及复杂性模型并不完全符合图 14.3 所示的三元模型，但它确实提供了一种从协议到策略的方法来处理网络设计领域的复杂性问题。

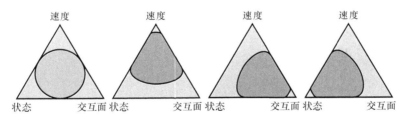

图 14.3 速度、状态与交互面的三元模型

工程师们可以就速度、状态或交互面进行优化，以网络收敛速度为例。

- **优化速度**：可以通过增加控制面中的状态来优化网络收敛速度。例如，通过在控制面中计算和携带远程 LFA，网络几乎可以在拓扑结构发生变化后立即收敛，但计算和携带远程 LFA 意味着网络需要携带更多的状态。提高网络收敛速度的另一种方式是在网络中给定链路的二层（或物理）状态与同一链路的三层（或逻辑）状态之间建立更紧密的连接，但这样做必然会增加这两层网络之间的交互面，从而增加了复杂性。

- **优化状态**：可以优化网络让控制面携带尽可能少的状态。例如，可以将控制面配置为仅在需要时发现和缓存可达性信息，而不是在拓扑结构出现变化时发现和缓存可达性信息（接近于实时）。但这样做会让拓扑结构的控制面视图与拓扑结构的实时状态相分离，从而降低了网络的收敛速度（从 CAP 定理的术语角度来看，就是在一致性与可访问性之间做出权衡）。将控制面优化为携带尽可能少的状态之后，控制面与物理层（网络的实际拓扑结构）之间的交互面也变得更加复杂。

- **优化交互面**：按照严格的层次化方式构建网络，使得层与层之间的交互达到最少。例如，可以在物理层上设计一个逻辑层，该逻辑层完全忽略物理层报告的任何差错，使得两层之间的交互面只有封装操作（还可能有地址映射）。但这样做必然会降低收敛速度，从而导致网络可能运行在次优状态，并增加叠加式逻辑层正常操作所需要携带的状态量。

即使在状态/速度/交互面模型中，在设计网络时也需要管理和考虑三重权衡问题。

14.4　管理现实世界中的复杂性

网络工程师们面临的是一个非常复杂的环境，如果不处理复杂的解决方案，那么就无法解决难题，但复杂性本身又是一个无法解决的问题。那么管理复杂性就"毫无用武之处"（或者"毫无希望"）吗？不，网络工程师们决不能放弃或者简单地忽视复杂性，而应该在每天的工作中不断学习如何管理好复杂性问题，本章的最后一节将给出一些实用的操作建议。

14.4.1　不要忽视复杂性

面对复杂性问题时既不能绕开，也不能躲避，甚至连尝试也毫无意义。在网络中遇到复杂性问题时，简单地忽略并不能让问题消失，只会让问题在网络的某个角落逐渐发酵并发作。今天出现的复杂性问题可能会在未来几年内不断地困扰大家。长期与复杂性打交道的专家认为：

如果网络的设计模式面向可预测问题，那么在面对不可预测问题（基于前面的僵化效应）时就会变得脆弱不堪。对于同一个网络来说，如果网络最强大的能力能够处理不可预测问题，那么就一定能够处理可预测问题，也就意味着网络不必为处理可预测问题提供过于健壮的解决方案（虽然解决方案不过于健壮对于避免僵化效应来说确实有必要，但是对于解决不可预测问题来说却又显得力不从心）。

——Tony Przygienda

虽然凌晨两点的电话可能会让人不愉快，但如果解决不当，那么未来的后果一定远超凌晨两点的电话声。即使对网络进行了大量加固操作以防范所有故障，但是如果出现了未曾预测到的故障行为，那么网络仍然会出现故障，这是无法回避的现实。

处理工程问题时，必须知道哪些能解决，哪些不能解决。虽然说不能忽视复杂性，但也并不是说就一定能解决它。相反，必须记住每种复杂性场景都是一种权衡取舍，如果看不到这一点，那么就说明大家还不够努力。

14.4.2　找到容纳复杂性的模型

网络工程师使用的很多模型实际上只是容纳复杂性的方法。例如，网络设计领域并没有强制要求采用分层架构模式（事实上，设计领域存在很多其他的架构模式），那为什么工程师们一直都在使用分层模型呢？这是因为分层模型为大规模网络（包括大量活动组件）的设计工作提供了复杂性容器。与那些只穿黑色和灰色衣服的工程师或者只穿"自制制服"的人一样，提前做出一些决策对于快速做出其他决策来说很有帮助。

因而处理复杂性时的第一步就是找到一个可以容纳复杂性的模型。无论是分层模型、流量流模型、模块化模型还是其他模型，只要找到容纳复杂性的模型，就能帮助大家抽象出特定组件，并开始从整体上了解该系统。

但是需要注意的是，千万不要停留在找到的第一个模型上，应该寻找并使用尽可能多的模型来描述特定系统。我们使用的每种模型实际上都是复杂性问题的一种抽象，而抽象在本质上都是有泄露。虽然每种模型（即每种抽象）都有泄露，但是均以自己的方式进行泄漏。虽然永远不可能利用单一模型（甚至是一组模型）来完全描述复杂系统，但是使用的模型越多，对系统及其行为的理解也就越到位。

常见模型如下。

- **分组流模型**。虽然网络工程师们通常都根据控制面的状态（而不是分组流）来考虑问题，但是根据分组流来考虑问题一般都比较有用。从特定设备出发，分析该设备向其他设备发送流量时，需要考虑分组流将经过哪些链路、穿越哪些队列，并且会遇到哪些中间设备。如果网络中的服务已经实现了虚拟化，那么该模型将非常有用。

- **面向状态的模型**。该模型需要分析每条信息在网络中的承载方式、承载该信息需要何种状态、每种状态又源自何处以及如何到达使用该信息的位置。例如，路由器为了交换特定的数据包，就必须拥有相应的可达性信息，包括用于到达目的端的下一跳信息以及封装数据包的相关信息。可能还需要对穿越路由器的数据进行排队的信息以及某些特殊处理指令。这些信息来自何处？路由器中的哪些进程提供这些信息？这些进程从何处获得这些信息？这些信息源自何处以及这些信息的变化频度如何等？

- **面向 API 的模型**。排列系统的各种组件并描述每对组件之间的交互面，从而掌握每对组件之间的交互面深度和广度。掌握了每对组件之间的交互面信息之后，就可以接着考虑复杂性的三元模型。

- **面向策略的模型**。分层网络设计模型实际上就是一种以策略为中心的模型（假设聚合是一种应用于控制面状态的策略）。在何处应用策略以及为什么？应用策略之后对流经网络的流量有何影响？是优化了流量流还是劣化了流量流？每种策略的权衡取舍是什么以及可以在网络中的什么位置应用这些策略？

回答了这些模型中的相关问题之后，就能更清楚地了解现实系统所面临的复杂性问题。

14.5   最后的思考

看到这里，相信大家已经看完了大量难以理解的理论知识（如果在前面略过了这些内容，那么就有点丢人了，赶紧像个真正的工程师那样回过头去认真阅读吧！）。虽然有时确实很难将网络工程理论应用于现实网络，但两者之间肯定有关联。学好理论知识有助于大家更快地看到问题并提出更好的问题，知道需要查找的内容以及如何查找，也能更快地学会新技术并知道如何评估这些技术。

对于现实的网络工程领域来说，不可能找到站在彩虹下的独角兽，有的只是权衡——复杂性权衡，正是这些权衡才能真正引导大家走向胜利。

欢迎来到异步社区！

异步社区的来历

异步社区（www.epubit.com.cn）是人民邮电出版社旗下 IT 专业图书旗舰社区，于 2015 年 8 月上线运营。

异步社区依托于人民邮电出版社 20 余年的 IT 专业优质出版资源和编辑策划团队，打造传统出版与电子出版和自出版结合、纸质书与电子书结合、传统印刷与 POD 按需印刷结合的出版平台，提供最新技术资讯，为作者和读者打造交流互动的平台。

社区里都有什么？

购买图书

我们出版的图书涵盖主流 IT 技术，在编程语言、Web 技术、数据科学等领域有众多经典畅销图书。社区现已上线图书 1000 余种，电子书 400 多种，部分新书实现纸书、电子书同步出版。我们还会定期发布新书书讯。

下载资源

社区内提供随书附赠的资源，如书中的案例或程序源代码。

另外，社区还提供了大量的免费电子书，只要注册成为社区用户就可以免费下载。

与作译者互动

很多图书的作译者已经入驻社区，您可以关注他们，咨询技术问题；可以阅读不断更新的技术文章，听作译者和编辑畅聊好书背后有趣的故事；还可以参与社区的作者访谈栏目，向您关注的作者提出采访题目。

灵活优惠的购书

您可以方便地下单购买纸质图书或电子图书，纸质图书直接从人民邮电出版社书库发货，电子书提供多种阅读格式。

对于重磅新书，社区提供预售和新书首发服务，用户可以第一时间买到心仪的新书。

用户账户中的积分可以用于购书优惠。100 积分 =1 元，购买图书时，在 使用积分 里填入可使用的积分数值，即可扣减相应金额。

纸电图书组合购买

社区独家提供纸质图书和电子书组合购买方式，价格优惠，一次购买，多种阅读选择。

社区里还可以做什么？

提交勘误

您可以在图书页面下方提交勘误，每条勘误被确认后可以获得 100 积分。热心勘误的读者还有机会参与书稿的审校和翻译工作。

写作

社区提供基于 Markdown 的写作环境，喜欢写作的您可以在此一试身手，在社区里分享您的技术心得和读书体会，更可以体验自出版的乐趣，轻松实现出版的梦想。

如果成为社区认证作译者，还可以享受异步社区提供的作者专享特色服务。

会议活动早知道

您可以掌握 IT 圈的技术会议资讯，更有机会免费获赠大会门票。

加入异步

扫描任意二维码都能找到我们：

| 异步社区 | 微信服务号 | 微信订阅号 | 官方微博 | QQ 群：436746675 |

社区网址：www.epubit.com.cn

投稿 & 咨询：contact@epubit.com.cn